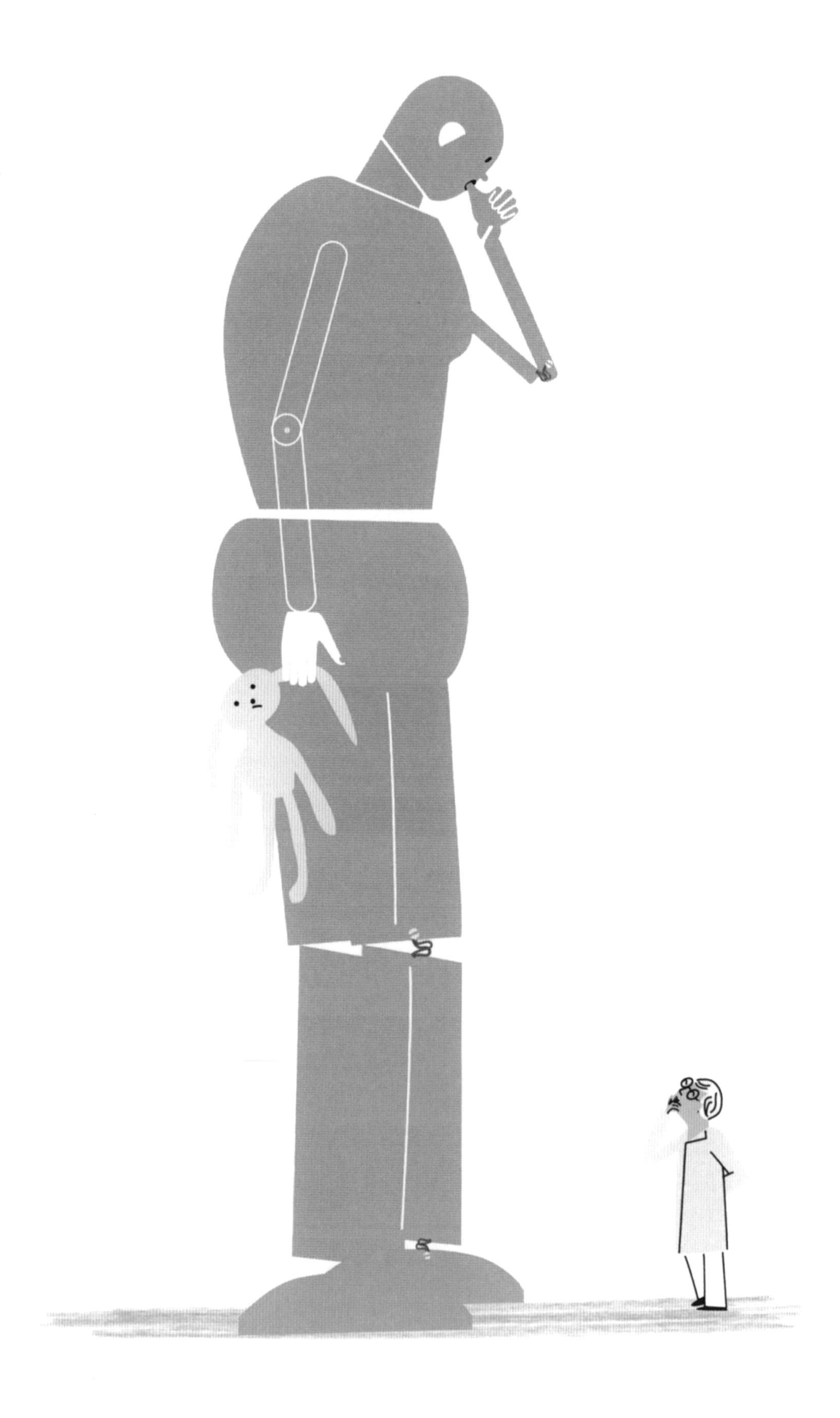

你好，机器人

[法] 娜塔莎·施埃德豪尔 著

[法] 塞维林·阿苏 绘

高捷 译

中信出版集团 | 北京

图书在版编目（CIP）数据

你好，机器人 /（法）娜塔莎·施埃德豪尔著；（法）塞维林·阿苏绘；高捷译 . -- 北京：中信出版社，2021.4

ISBN 978-7-5217-1682-5

Ⅰ. ①你… Ⅱ. ①娜… ②塞… ③高… Ⅲ. ①机器人—儿童读物 Ⅳ. ① TP242-49

中国版本图书馆 CIP 数据核字（2020）第 039928 号

你好，机器人

著　　者：[法] 娜塔莎·施埃德豪尔
绘　　者：[法] 塞维林·阿苏
译　　者：高　捷
出版发行：中信出版集团股份有限公司
　　　　（北京市朝阳区惠新东街甲 4 号富盛大厦 2 座　邮编　100029）
承 印 者：河北彩和坊印刷有限公司

开　　本：787mm × 1092mm　1/16　　印　　张：4.5　　字　　数：75 千字
版　　次：2021 年 4 月第 1 版　　印　　次：2021 年 4 月第 1 次印刷
京权图字：01-2020-1290
书　　号：ISBN 978-7-5217-1682-5
定　　价：58.00 元

出　　品：中信儿童书店　　装帧设计：邢蕾
图书策划：红披风　　策划编辑：吴岭
责任编辑：刘杨　　营销编辑：王沛　金慧霖　陆琮　张旖旎

服务热线：400-600-8099　　投稿邮箱：author@citicpub.com
网上订购：zxcbs.tmall.com　　官方微博：weibo.com/citicpub
官方微信：中信出版集团　　官方网站：www.press.citic

引言

嗨，小朋友，你猜我们身边有没有机器人呀？左瞧瞧，右看看，既没有《大都会》里的玛丽亚和《星球大战》里的 R2-D2，也不见《机器人总动员》中 Wall-E 的踪影，更不用说《终结者》里的 T-800 了。

那么，机器人只存在于人类的想象中吗？事实上，它们早已无处不在。起初，机器人最早应用于工厂。如今，医院也开始应用机器人来进行辅助医疗，甚至在海底、战场和广袤的宇宙，也有它们的身影。机器人已渗透到生活的各个角落：从无人驾驶地铁、投递包裹的无人机、新型拖拉机，到隐蔽的电梯轿厢控制面板、新款家用轿车仪表盘；从户外草坪到室内地毯，再到电话线的彼端……它们的身影可谓随处可见。

那我们为什么没有注意到它们呢？原来呀，是因为机器人的种类十分多样，外表看起来也和人类有很大区别。不过，“机器人”一词本身却是暗含“人形”意味的。更为重要的是，虽然机器人技术一直在进步，但因人们对其缺乏了解或不够关注，所以它们少有登上媒体头条的机会。然而，也正是多亏有这样一门踏实前进的学科，人类想象中的机器人才能变成现实。如今，它们不光越来越自动化、智能化，也越来越引人注目了。

亲爱的孩子们，这本有趣的书，可以帮助你们推开科学实验室的大门，去发现机器人学的千百种妙用。至于伴随学科发展而产生的各种困难、挑战，比如政治、伦理、哲学等问题，更是值得你们去认真思考的。阅读过后，还可以进一步思考机器人学对生活的影响，并知晓我们该以何种姿态，投身到这场科技革命中去！

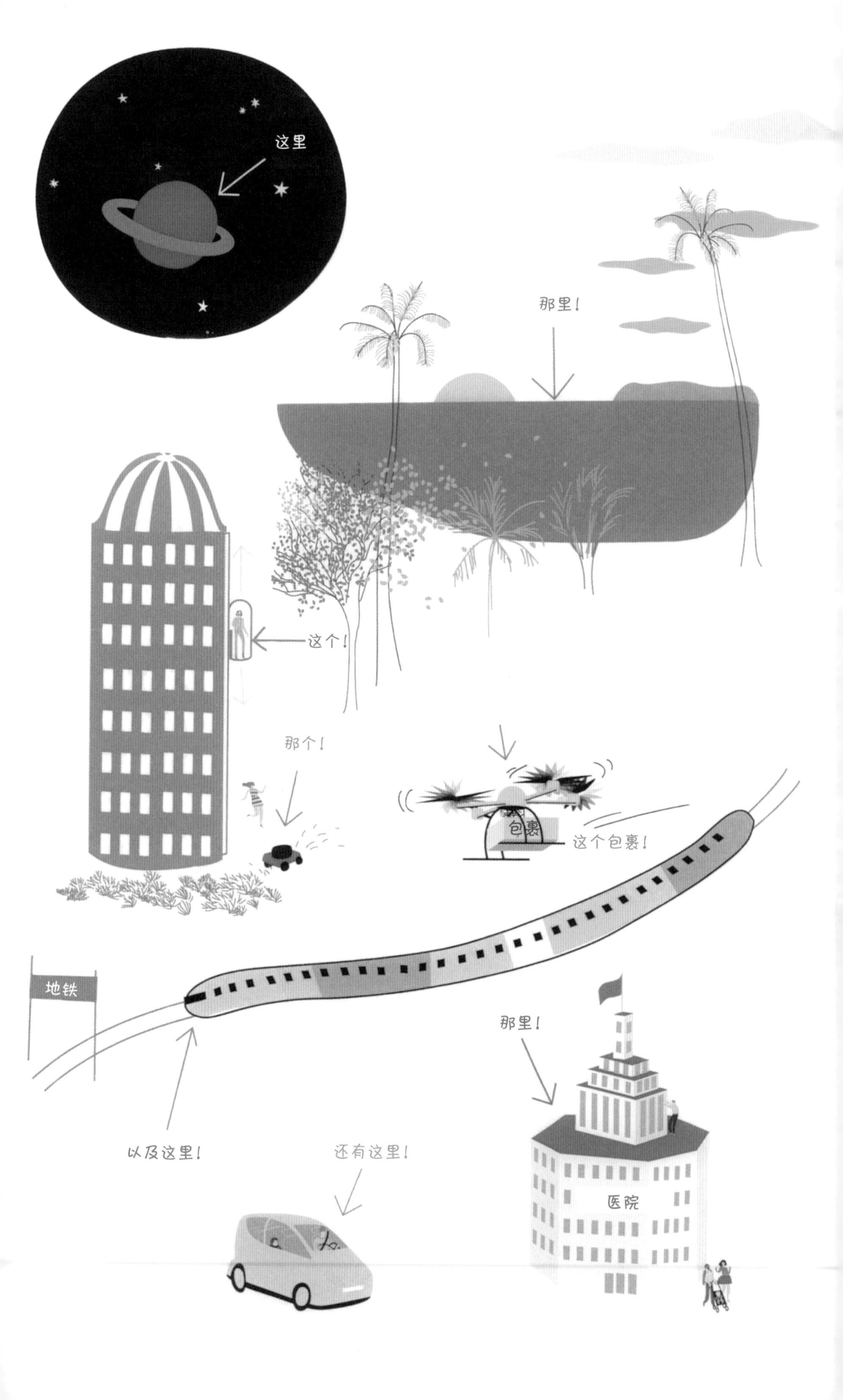
这里
那里！
这个！
那个！
包裹
这个包裹！
地铁
那里！
以及这里！
还有这里！
医院

目录

小贴士：

章节 1，10，11，100，101？这本书的章节编号出错了吗？没有，是我们选择了用二进制数字来编号：0 表示 0，1 表示 1，10 表示 2，11 表示 3，100 表示 4，101 表示 5，110 表示 6，以此类推。你看出这其中的规律了吗？如果你看出来了，那说明你已经学会用计算机语言数数，也就是会说“机器人语”啦！

它们来啦！

在科幻作品和媒体的影响下，多年来我们对移动互联、人工智能、“机器人朋友”充满向往，而科学让我们相信，这些具有革命性意义的技术终将落地成真。然后呢？眼下的好消息是：这些机器人已经存在于现实生活中啦！坏消息则是：大多数机器人还处于实验室测试阶段，抑或仅供高科技工厂使用。尽管距离人形机走上街头还有相当长的一段路，但是机器人的相关技术目前正大步向前迈进着，接下来的十年，将会有更多人工智能产品走进我们的日常生活。

章节 1

与机器人共度的一天

“马丁，该起床啦！”

马丁嘟囔了一声，随即转过身背对墙，把毯子拉到头上。“马丁，该起床啦！”一个声音重复道，“今天天气不错，你和乔纳坦约好了今天晚上一起踢球，可别忘了。”啊，对！要一起踢球！马丁终于从床上坐了起来。从床头摆放的小机器人面前经过时，他做了个手势，示意传感器他已经起床。这时声音再次响起：“祝一天愉快，马丁，别忘记刷牙。”无机可乘！上次马丁想偷懒不刷牙，牙刷上的传感器通知了机器人，后者于是将情况报告给了马丁的妈妈！

马丁坐在厨房里，家庭机器人“恩奇都”在一旁服侍他吃早饭。由于才来这个家没多久，恩奇都所展示出的能力——从分毫不差地倒橙汁到收拾洗碗机，无不让一家人倍感新奇。到了星期日，它甚至会爬楼把早餐送到每个人床上。“可惜它不会出门买羊角面包。”马丁在钻进送他去学校的无人驾驶汽车之前想道。

马丁的爸爸也开始了新的一天，此刻他正不慌不忙地“消灭”着面包片呢。马丁的妈妈早就出门了。她是外科医生，早晨一起床，在家便看了第一个病例，这多亏了医院的远程机器人。通过家庭电脑登录成功后，马丁的妈妈就可以与护士和病人进行远程对话了。而在手术室里，还有另外一台机器人协助她做手术。有机器人帮忙，她再也不用担心手术时手抖了。

马丁的爸爸妈妈可以安心在外待一整天：家政机器人会负责吸尘擦窗；恩奇都则会帮忙照料年老糊涂的奶奶，除了提醒她按时吃药，也会在奶奶出现意外时主动发出求救信息。在陪伴机器人的看护下，奶奶甚至还能出门购物，机器人会帮她拎东西。在出发见朋友之前，马丁的爸爸要先送小儿子奥斯卡去托儿所。夫妻二人曾认真考虑是否再购置一台保姆机器人——邻居家用的那种，既能照看宝宝，又能陪他玩耍。只是眼下两人还没拿定主意，到底要不要将奥斯卡托付给机器人。

上课时，马丁把手表看了一遍又一遍，盼着能早点儿下课跟乔纳坦和克雷芒碰头。今天晚上他们三人组要跟机器人队踢一场比赛。他们希望这次能扳回一局，因为上次交锋他们败给机器人队了。他们三个在踢足球上都相当有天分，尤其是克雷芒，只可惜，他遭遇过交通事故——一次车祸后，医生截掉了克雷芒的左手。好在医生后来为他装上的机械义掌既能感知物体，又能回应大脑发出的指令，其中当然也少不了克雷芒指挥它做的傻事，比如用手射门！

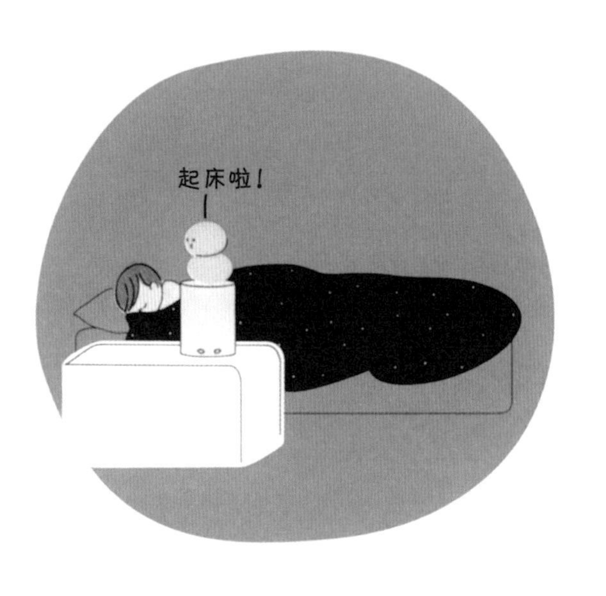
起床啦！

用餐
愉快！

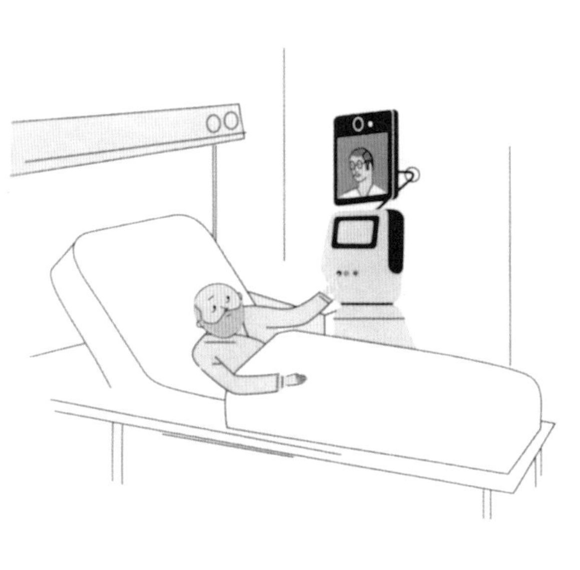

走近实验室

如果早上没有机器人给你做早餐，那是因为上边马丁一家的故事是我们虚构的——至少部分是。要知道，在科学实验室里，机器人早已能够爬楼梯、开瓶塞、清理桌面、拍皮球了。可这些机器人擅长做的事往往只有一种，难以在实验室之外的地方，在没有专业技术人员辅助的情况下施展本领。一旦脱离特定的工作环境，进入充满变数的现实生活世界，由于预设程序不容许环境数据有丝毫变化，这些机器人便会陷入困境！

再说，这些原型机器人造价昂贵，科技含量又极高，根本不可能人手一台。就像一级方程式赛车一样，只有经验老到的车手才驾驭得了，原型机器人需要有个机器人学家在它身边随时待命。另外，由于很多机器人还处于测试阶段，运行速度可以说非常慢。除了操作复杂、行动迟缓，这些机器人还多是大块头，甚至巨无霸，而且噪声非常大，甚至带有一定的危险性，所以绝大部分机器人眼下暂时还无法与公众亲密接触。

总之一句话，它们现在还不是你我所期待的那种可以在客厅或厨房干活的管家。

所以机器人学家已经开始着手改进它们，优化机器人的灵活性和柔韧性，让已经能握住杯子的它们学会控制力道，摆弄塑料杯的时候不会把它捏坏。专家还教机器人通过分类来识别不认识的物品，类似于“我从没见过这样东西，但我知道这是把椅子，因为特征完全符合”的识别过程。专家还优化了机器人的运动机能和自我定位能力，期望它们跌倒后能重新站起来，可以独自回家不迷路，甚至在遇到施工路段的时候能知道主动绕行。试验项目中有很多模拟人类行为的内容，那些我们平日里下意识做出的动作，对机器人学来说却是实打实的挑战。

令人欣慰的是，得益于电子技术的升级、电路元件的微型化和材料科学的发展，机器人学在各方面都取得了巨大进步。机身的金属“骨架”被革命性的特殊材质所替代。原本硬邦邦的金属“肌肉”变得敏感而富有弹性，人类与它们接触时更加安全。至于它们的“大脑”，则可以通过互联网访问庞大的数据库群，进而展开学习活动。

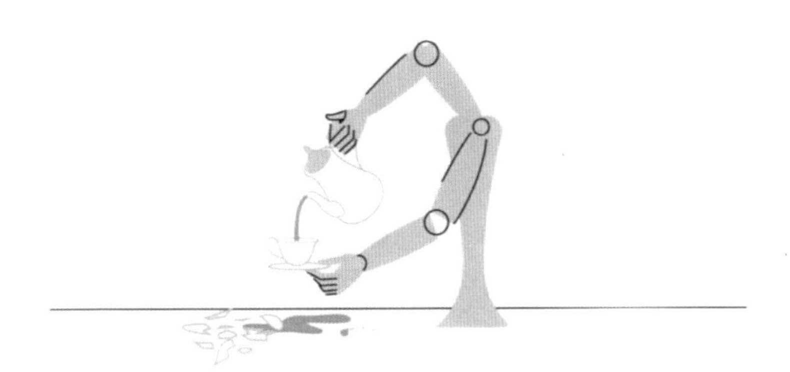

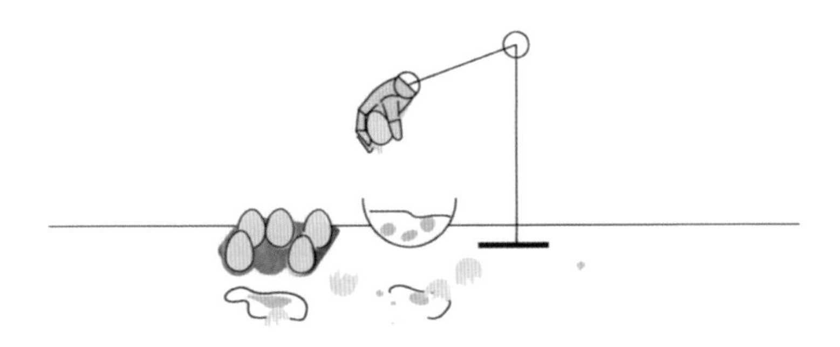

这次拥抱用时12分37秒，
得益于新处理器，反应速度
较之前有明显提升！
满脸幸福……

为今天还是为明天

那么，机器人什么时候才能走进我们的日常生活呢？撇开期刊文章里的那些乐观态度，以及机器人学家时而大胆、时而审慎的发言，在这个问题上，我们应该有自己的思考。事实上，机器人就在我们身边。从工厂到医院，再到农田，性能卓越的全自动机器人正越来越多地被应用于实际工作中，在军队里也是一样。机器人还悄悄走进了日常生活，比如家用轿车的自动泊车系统、可根据日照强度调节开合度的百叶窗……这些出现在日常生活中的小型机器人似乎默默无闻，可其实呢，有些机器人正变得越来越引人注意，比如法国邮政局正在测试的包裹投递无人机，以及为大西洋北部北海岛屿上的居民输送生活用品的货运无人机，等等。

现在，有些机器人已经具备人的形态，外观更具亲和力。民用机器人不再只有扫地机器人和百货商店里售卖的智能玩具。这些新机器人拥有部分人类的外貌特征，它们所搭载的各种应用程序能让它们变身为智能交互终端，不但能提供天气预报、时事新闻等信息，还能播放音乐、打电话订餐、陪我们下跳棋、给孩子们讲故事，并且全程伴有富于表现力的动作与手势，用来模拟人类基本的高兴或失望的情绪。

但是，如果你期望它们更上一层楼，那可能还得再等上 10 年。第二代类人机器人能够完成的，不仅仅是握持物品，或是从房间这里移动到那里，而是更为细致的任务，比如端茶打水，或是递给你电子游戏的手柄。至于第三代类人机器人，它们可以成为年迈者及残障人士的超级贴身助理，但距离它们问世，可能至少还需要 20 年！

不过有一件事可以确定：机器人学发展的速度正越来越快。在过去的 50 年间，机器人学家积累知识，夯实基础，从错误中学习，眼下机器人的装配已尽在掌握，他们今后的研究重点将转向编程学、材料学、人体工学等领域。此外，为了完善机器人的原型机，实现商业化批量生产，他们还与纳米技术专家、生物技术专家、脑科学家进行合作。我们有理由相信，机器人会像互联网一样，很快走进你我的生活！

叮
咚
你好！

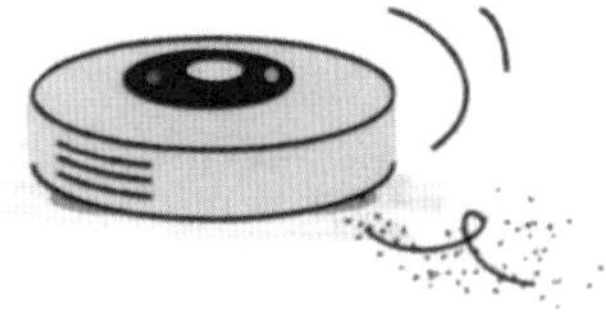

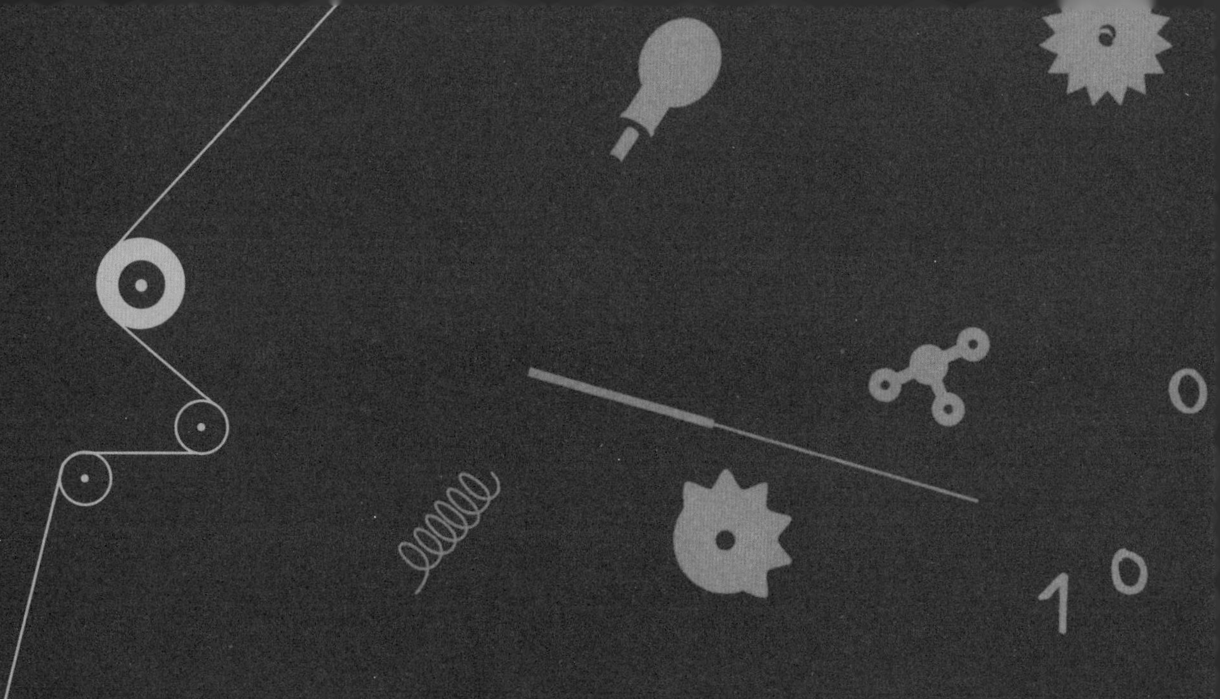

它们从哪里来

培养出外貌近似于我们的生物，并主宰它们的命运；制造出可以把我们从脏活儿累活儿中解放出来的机器——千百年来，人类一直做着这样的梦，而科技的进步让我们每天都能离梦想近一些、再近一些。这一章，我们将简要回顾机器人的发展历史，从古代活动人形、自动机等这些初期尝试讲起，一直讲到计算机与人工智能的诞生。

章节 10

从古至今的梦想

人类一直幻想着能制造出与人类相似的生物，不单单是为了模仿自己想象中的神人，更是为了一劳永逸地摆脱掉那些累人的、危险的、抑或只是让人觉得无聊的工作。于是，便有了古希腊神话中守护欧罗巴和克里特岛的青铜巨人和其他能够作战的百臂巨人和独眼巨人，以及出自宙斯之子赫菲斯托斯之手，据荷马称会思考、会说话的黄金做的女仆。青铜巨人和黄金女仆都有着金属做的身体，可以代替人类完成一些事情，这与我们如今的机器人很相似。

古希伯来神话中也有一种名叫“高莱姆”(golem)的人偶[1]，可以当仆人使唤，它们忠实又听话，但是需要咒语才能“激活”。古希腊神话中的爱神阿佛洛狄忒曾经应塞浦路斯王皮格玛利翁的请求，让他用象牙雕成的美人有了生命。

而在中世纪与文艺复兴时期，有关“瓶中小人”的记载比比皆是。据说，这些拥有超能力的“小不点儿”诞生于烧瓶中，乃是炼金术士按研制的配方做出的“人造人”。有些配方还要用到人类的体液、曼德拉草和马粪……另一些貌似更科学的配方则建议蒸馏人血，原理与今天的遗传学有些相似。虽然这些事被说得神乎其神，但炼制小人的事情并不存在。

1920 年，捷克作家卡雷尔 · 恰佩克在其戏剧作品《罗素姆万能机器人》中，虚构出一种能代替工人在工厂里上班的人形机器人。卡雷尔给它们取名“robota”，捷克语的意思是“强迫劳动，苦工”，法语译作“robot”。从此之后，“robot”这个词就专门用来指代那些模仿人类行为的机器人了。

1　又称“魔像”“泥人”“土偶”，古希伯来神话中用黏土、石头制成的无生命的巨人。被注入魔力后可行动，但无思考能力。——译者注

古代自动机

从前人的一次次探索中得到启发，有人开始尝试发明能模仿人类行为的装置。随着科学技术的日益进步、机器结构设计的日趋复杂，真正意义上的机器人鼻祖——自动机应运而生。它的名字源于希腊语单词“auto-matos”，意思是“以自我意志行动”。

刚刚问世的时候，自动机被用于宗教目的，古非洲祭司给它们戴上五官可动的面具，古埃及祭司则利用它们“制造”神迹以震慑民众。在杠杆、滑轮、螺钉的协同作用下，神庙大门魔术般地自动开启，神像的手臂奇迹般地自行运动。于是乎，阿努比斯神像的嘴巴一开一合，仿佛它真的在对信徒说话，而与此同时，祭司正躲在神像的身体里给它配音呢。

齿轮、活塞、弹簧等部件的出现，推理在古希腊的诞生等方面的因素让自动机的制造变得越来越精密。尽管当时还没有电，但是亚历山大里亚古城的海伦等最早一批数学家和力学家还是展开了奇思妙想，设计出靠水力和热空气驱动的机械装置，供当权者和他们的宾客观赏取乐。透过史料，我们可以见识到歌唱鸟、自动喷泉，还有叫阿契塔的机械鸽。机械鸽可能由一根臂杆支撑，在杆中蒸汽的驱动下盘旋飞行。

后来，阿拉伯人继承了古希腊人的衣钵，并加以发扬光大，在中世纪时将这些不可思议的技术传到了西方。巴格达的哈里发曾将学者贾扎里制作的自动机作为礼物赠送给查理曼大帝。再后来，随着十字军一次次远侵归来，他们在东方世界的所见所闻深深启发了欧洲制表匠。在自动机风潮的带动下，敲钟人偶“雅克马尔”诞生了，每当这些铅制小人出现在教堂的三角楣上，围观人群中便会爆发出一阵惊叹。

叽里呱啦……

借着文艺复兴运动的东风，创造人工生物的梦想再度被点燃，外形与人类相似的自动机——人形机出现了一大批，以至于哲学家笛卡尔后来索性直接把人体比作一台机器，称“上帝在其中植入了行走、吃饭、呼吸所需的一切零部件”。在此背景下，瑞士制表匠雅克·德罗做出了会写字、会画画、会弹羽管键琴的自动人偶；法国发明家雅克·沃康松造出来的吹笛人，单凭十根木手指和一副人工肺就能吹奏真实的乐器。随着对机械学和解剖学研究的深入，沃康松不再制作供人取乐的玩物，而是将探索人体运行机理、推动科学发展作为己任。比如他做的机械鸭子，吃下去的是谷粒，排出来的是糊糊，就像谷粒真的被消化过一样。

到了 20 世纪，随着电力的全面普及，自动机技术又上了一个新台阶。电机学家发明出能够对周围环境做出反应的自动机，说它们是“初代机器人”一点儿也不为过。在这批“初代机器人”中，两种动物机器人——机器龟和机器狗——装备有光线传感器，它们的运动轨迹能随外界光源的移动而变化；另一种国际象棋机器人则通晓类似“王车胜单王”这样的三步绝杀技。

哇呜！ 精彩！

精彩！

信息革命

要想让只会不停重复单一动作的自动机，蜕变成能处理大量信息并执行各种后续操作的机器人，就必须将机器和程序分开，好让科学家对程序进行调整更改。19 世纪有项发明就做到了这一点。法国里昂发明家约瑟夫·玛丽·雅卡尔发明的自动提花机，会依照操作工放入的打孔卡带执行不同的提花程序；每张卡片上的孔眼排布不尽相同，随着打孔卡带向前移动，机器每逢孔眼便插入横针，每遇阻挡便横针后退，推动对应的竖针上抬。自此，人类实现了机器的可编程和再编程，接下来，就该赋予它们处理复杂运算的能力了——英国科学家查尔斯·巴贝奇勇挑重担，发明了分析机的设想，为日后电脑的诞生铺下了基石。

没过多久，人们淘汰了打孔带，用电流脉冲替代了孔眼系统。数学家乔治·布尔成功将数学表达转写成能被机器理解的电流信号。机器仅能识别两种状态：状态 0，没有电流通过；状态 1，有电流通过。于是乔治·布尔构思出一个以 0 和 1 为基础的代数系统，并为这个系统补充“与”“或”“非”等逻辑运算符号。后来的计算机学家们正是运用这套逻辑推理系统，来给电脑编程、指挥它执行各种计算和操作的。随着电脑的问世，能够推理的机器也诞生了。

机器人学家看到了希望：机器人终于可以有“脑子”了！为了让它们能够进行逻辑推理，或再进一步，能够进行思考，机器人学家决定把人类思维的信息加工机制——对情况的感知、分析、决定以及行动——照搬到机器人身上。也就是说，机器人要想能够独立解决问题，就必须调出内存中的存储信息，并将它们与新收集的信息进行结合。这个活动，我们大脑每天都在进行，可对机器人来说，却需要数不清的代码，才能复现在它们身上……

为测试机器人的智力水平，科学家安排它们参与了“图灵测试”——“图灵”这个名字取自一位著名的英国数学家。测试方法是：在彼此谁也看不到谁的情况下，受测双方进行对话。一方是人类受试者，另一方是一个人和一台电脑。如果人类受试者分辨不出跟自己对话的那位究竟是人还是电脑，那么这台电脑就判定为足够“聪明”。在 2014 年的测试中，有些机器人表现得连小孩子都不如，更别说跟成年人相比了。不过人工智能还是让它们学会了用“打太极”的方式来应付那些不知道该怎么回答的问题。比如，有一台机器人被问及某部电视剧里的主要人物，它反问道：“这我怎么知道？我都没看过这部剧！”

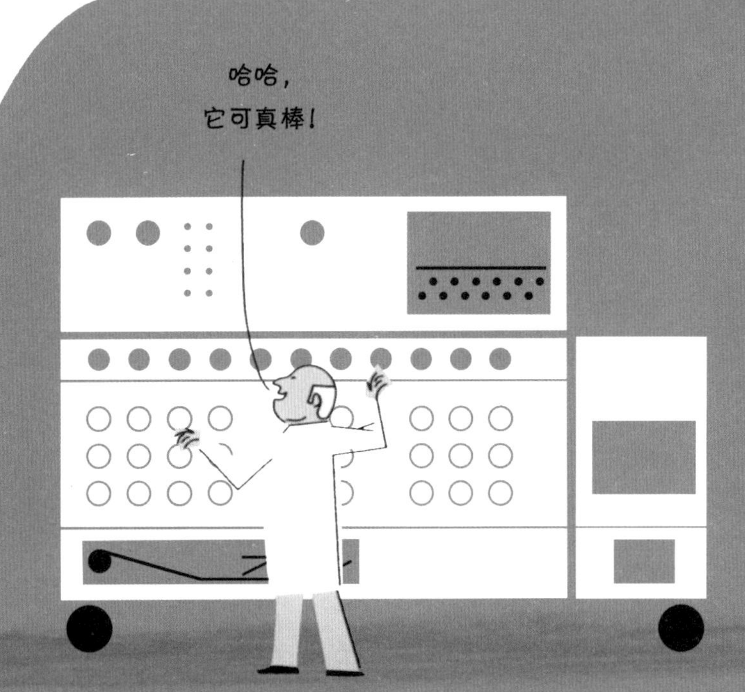

010100
00101
01001
哈哈，
它可真棒！

进化在加速：第一代机器人、第二代、第三代……第十二代……

随着机器人学的进步，已有好几代机器人相继问世。自 1915 年那条装有光线传感器、能追随光源移动的机器狗诞生开始，时隔 30 年，又诞生出一对名叫埃尔西和埃尔默的机器龟，它们能同时追踪光线和声音。这些人造电子生物是最早能对环境做出反应的机器，也是首批有资格被冠上“机器人”之名的机器。

此后，机器人学从未停止创新的脚步。20 世纪 50 年代，第一台工业机器人尤曼特入驻工厂装配线，负责运输压铸件并将其焊接到汽车车身上。之后，第一台由小型计算机控制的移动式机器人问世，因为它“走路”晃晃悠悠，人们为其取名“夏凯”，意为“摇摆”。紧随其后的是月球车 1 号、好奇号火星车等一众太空漫游车的鼻祖。再然后，是第一代仿生机器人，正如其名字所示，这些机器人可以模拟各种动物的行为。

这份名单还在变得越来越长。除了在形态方面不断革新，借助人工智能的力量，机器人解锁了一项又一项新技能！它们已经可以应对突发事件，处理日益复杂的问题，甚至能和人类一样从错误中学习经验。它们在自主性方面也有所提高，例如这些折叠机器人，可以在无人类干预的情况下将自己展开或折叠起来，那些拥有自我修复能力的机器人就更不必说了。

在人形机领域，机器人学同样正阔步向前，而每一步都仿佛只在眨眼之间。我们不妨对比一下双足机器人“瓦伯特”和仿真机器人“杰米诺德”，前者是第一台智能型双足步行机器人，而后者的硅胶皮肤与情感模拟能力足以骗过聊天对象，这是何等的蜕变！至于机器人“阿西莫”，历经整整 12 代的发展，变化之大让人不禁开始期待：未来，机器人学还会带给我们什么样的惊喜？

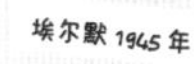
埃尔默 1945 年

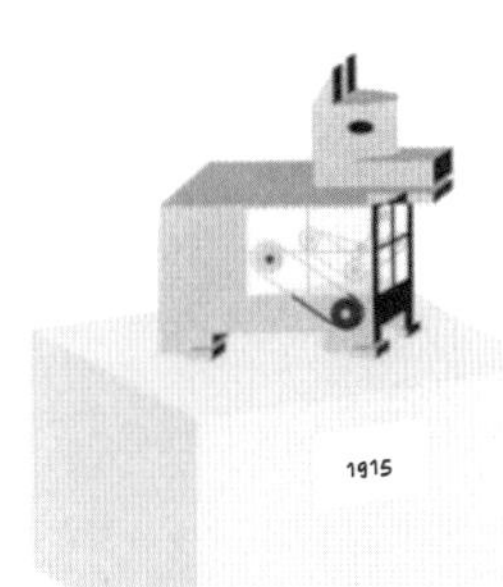
1915

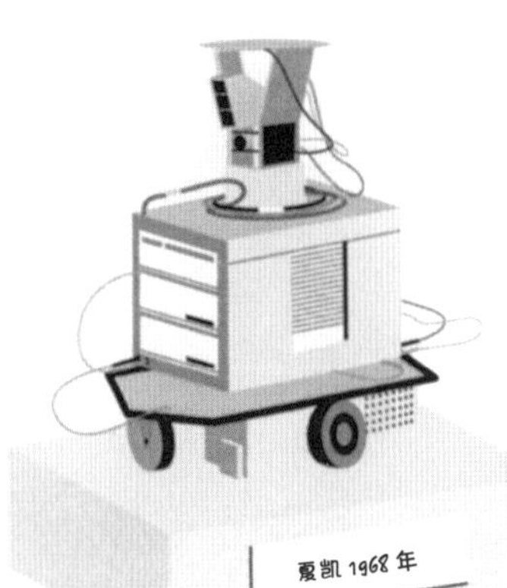
夏凯 1968 年

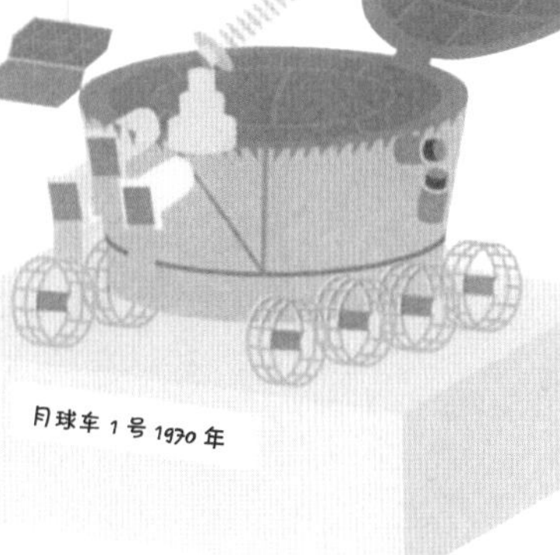
月球车 1 号 1970 年

派博

2014

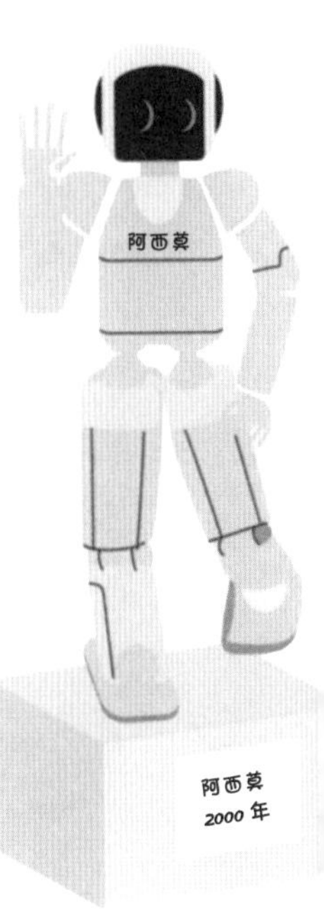
阿西莫
阿西莫
2000 年

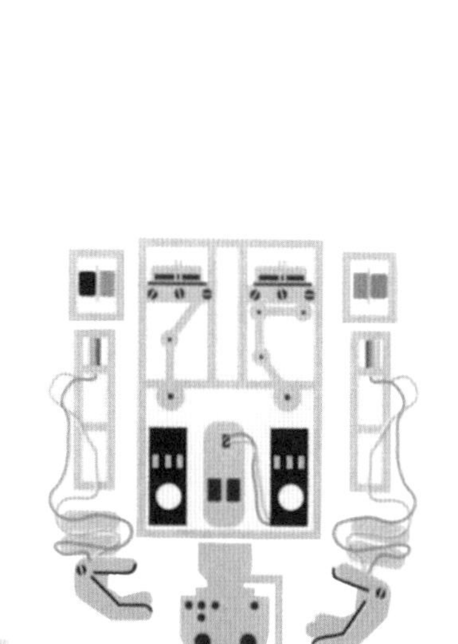

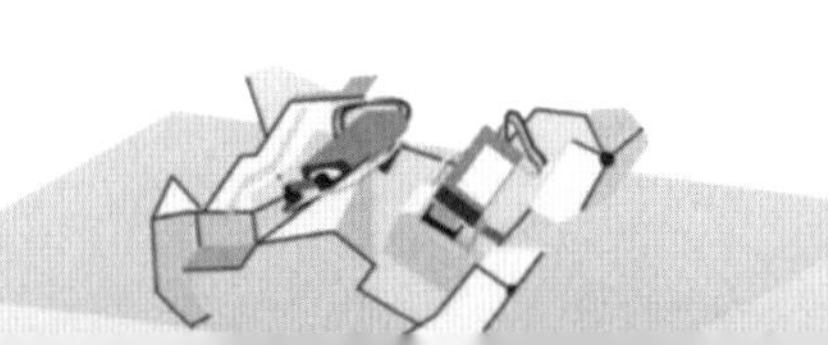

章节 11

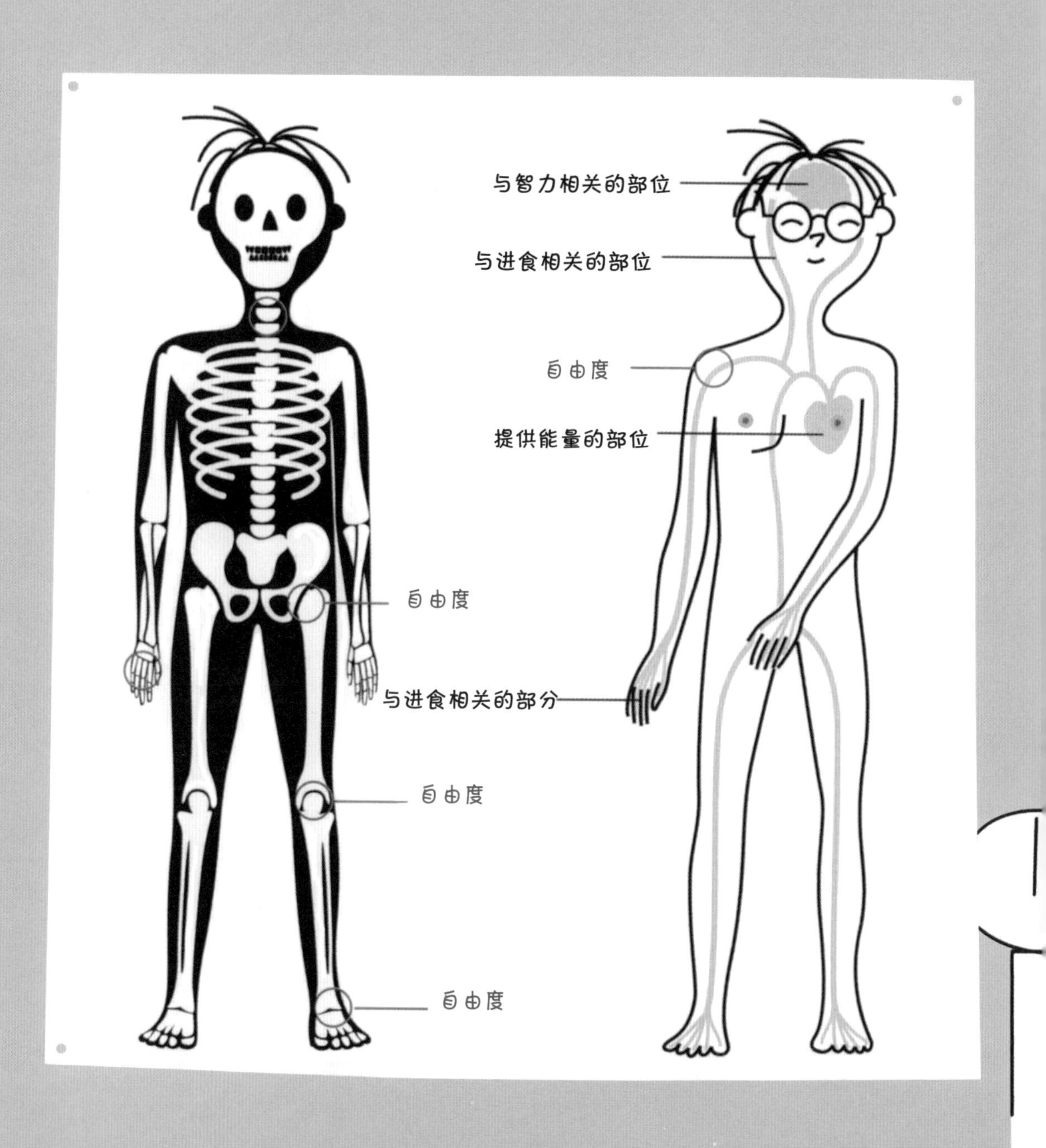

参照人体

为了更好地服务于人类，一些机器人在外观上需要向人类靠拢；而对于另一些机器人来说，一条机械臂加一个底座就足以完成人类交办的工作了。尽管后者不属于人形机范畴，机器人学家在设计它们时依旧会从人体机能中汲取灵感：行动能力、感官能力、认知能力、思考能力……无论是我们的身体还是其他动物的身体，都堪比一台绝妙的机器，都是无与伦比的参照对象。肌肉、感觉器官，如果可能的话，再添加上大脑，这些就是做机器人需要的材料啦！

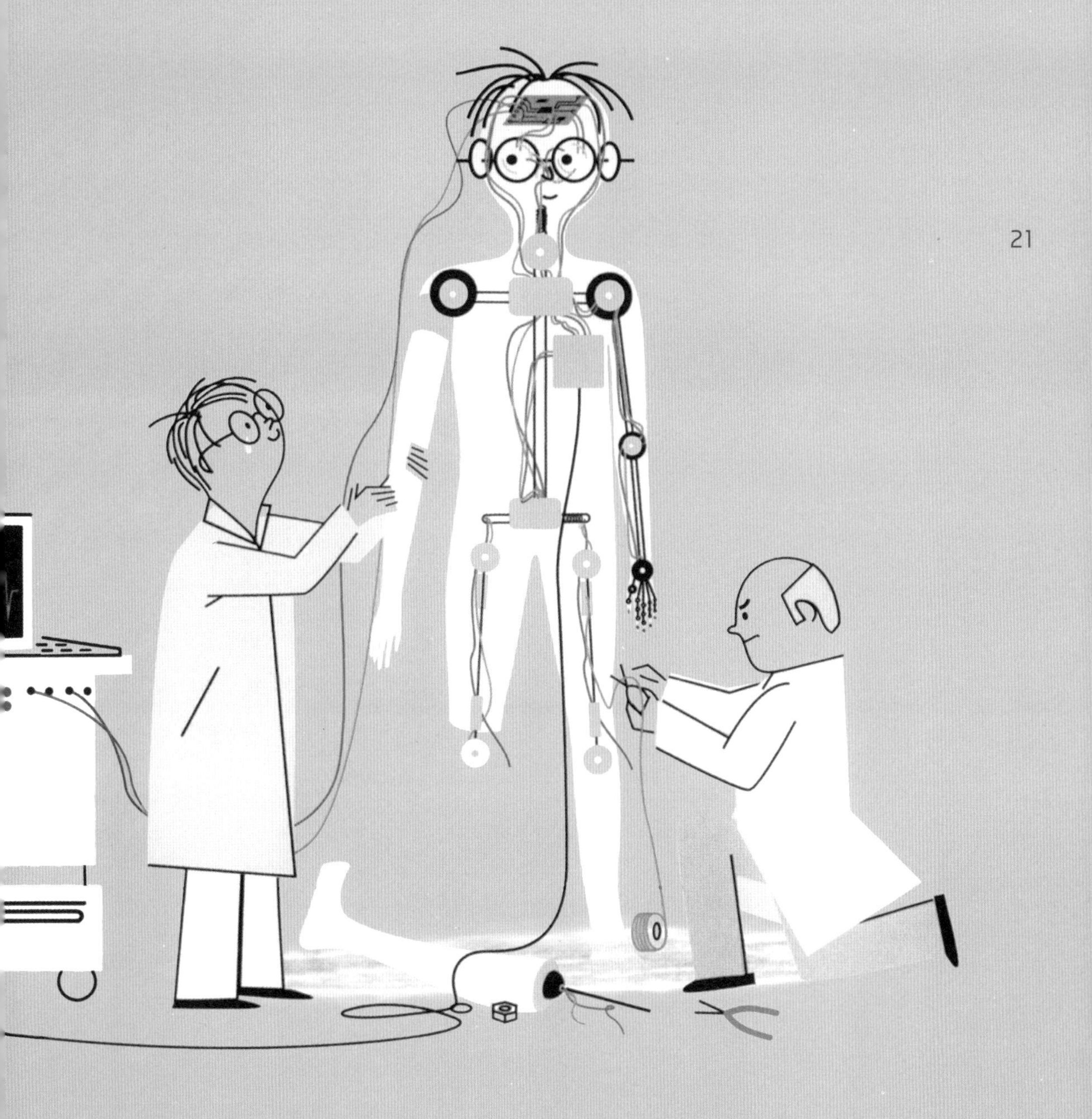

机器人的构造

为了能让机器人模拟人类的动作，机器人学家还给它们加上了名为“驱动装置”的“肌肉”，由小型电动机或与微型气泵相连的气缸构成，与控制电动栏杆抬放、汽车雨刮器开关、电子显示屏亮灭的装置如出一辙。

有了它们，机器人便可以驱使身上的可动部件运转——“驱动装置”一名便由此而来——如轮子和仿制的腿、胳膊、手指，实现移动、持物等操作。有了驱动装置，机器人还能发声发光，显示消息。每个驱动都有它独特的功能，哪怕只是重现握手这样“简单”的动作，也需要用到 10 个以上的驱动，因为“握手”这一动作只是表面上看着简单罢了！人体也需要很多部位联动才能完成一个动作，机器人的肢体所能进行的运动，如平移、旋转，被称为“自由度”。如果把人体的平移、旋转等动作比作机器人的自由度，光是人类的手臂就有 7 个自由度——肩膀 3 个，手肘 1 个，手腕 3 个，如果算上手部的，那就更多了——可想而知机器人学家的任务有多艰巨！而眼下机器人的动作远不如我们灵活，为了让它们看上去不那么僵硬，机器人学家正在研发可调节自由度的驱动装置。新驱动包含两个电动机和若干个小型弹簧，能让机器人的动作在速度和美感上都有所提升。

由于驱动装置需要指令才能触发，因此对机器人来说，拥有一个能发号施令的“大脑”显得尤为重要。所谓“大脑”，其实是一块嵌有微处理器的内存条。微处理器负责处理信息和运行程序，用专业一点的话说，就是负责执行机器人学家输入的指令序列。随着科技的不断进步，微处理器的体积变得越来越小——如今有的仅是一张信用卡的 1/4 大——处理信息的速度变得越来越快，性能变得越来越强。

有了“大脑”，也有了“肌肉”，现在只差感知周围世界的“器官”了。和人类一样，机器人也需要看，需要闻，需要听。

在视觉方面，它们装备有摄像头：识别人脸的高清型、观察环境的广角型……镜头类型因需求而异，至少有两个，以实现三维视觉。借助摄像头，机器人能察觉周遭环境的变化，感知意外情况的发生。椅子翻倒了？花瓶有人动过了？人工智能会分析状况，并促使机器人做出反应，避开行动路线上的障碍。红外类摄像头则让机器人在黑暗中也能视物。

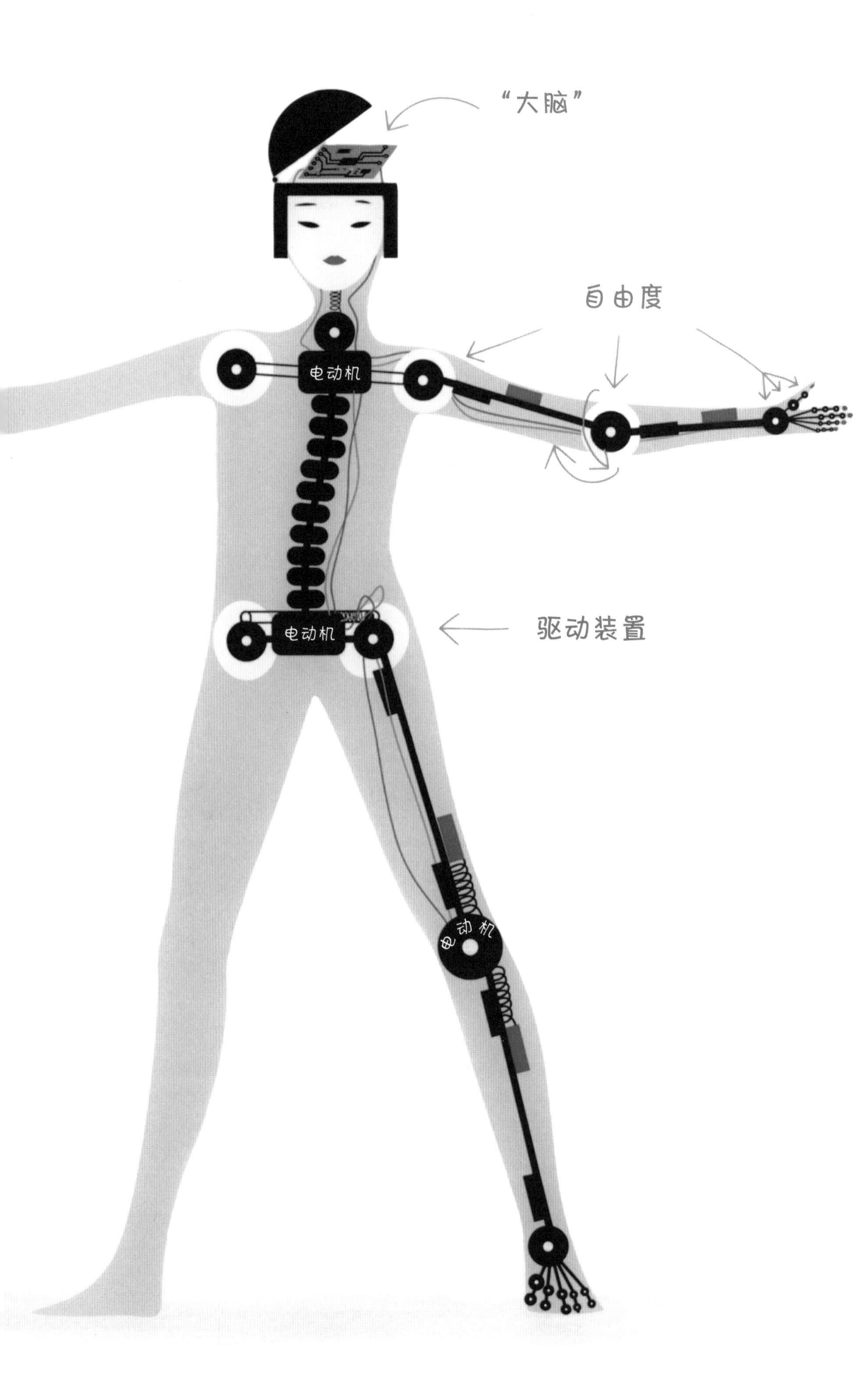

“大脑”
自由度
电动机
电动机
驱动装置
电动机

一般来讲，一台机器人装备的东西越多，能施展的本领就越多。装上深度传感器，它便能感知周围环境的三维信息，评估其与四周竖面（如墙面）间的距离，从而规划出移动路线。借助触觉传感器，它能调整姿势和位置，抓取形状各异的物品——动作之精准，连插数据线和穿针引线都不在话下！压力传感器就更不用说了，没有它，机器人便无法控制力道；有了它，机器人才能在握榔头、取鸡蛋、接触人类时拿捏轻重，避免造成伤害。对了，还有能让它听到并分辨出环境声音种类、判断出声源方位的声音传感器，以及实现起来难度最大的气味传感器！难归难，配备了气味传感器的机器人，眼下已经能够识别出它曾经闻过或记录过的气味了。无论是炸药、毒品，还是脚臭、口气，它们的电子鼻子可以分析空气中存在的化学物质，并通过对比将气味鉴别出来。

在充电方式上，一些机器人需要直接插电，而另一些使用充电电池，即便远离电源（充电基座）也能活动自如。由于装有“饥饿传感器”，这些移动式机器人甚至知道自己何时该回去充电。还有些机器人自带清洁能源发生装置，比如太阳能板或微型原子能电池。尽管使用原子能电池在操作上存在一定的危险性，但它的续航时间可长达好几年，适用于那些被派往远方执行任务的机器人，火星漫游车便是代表。

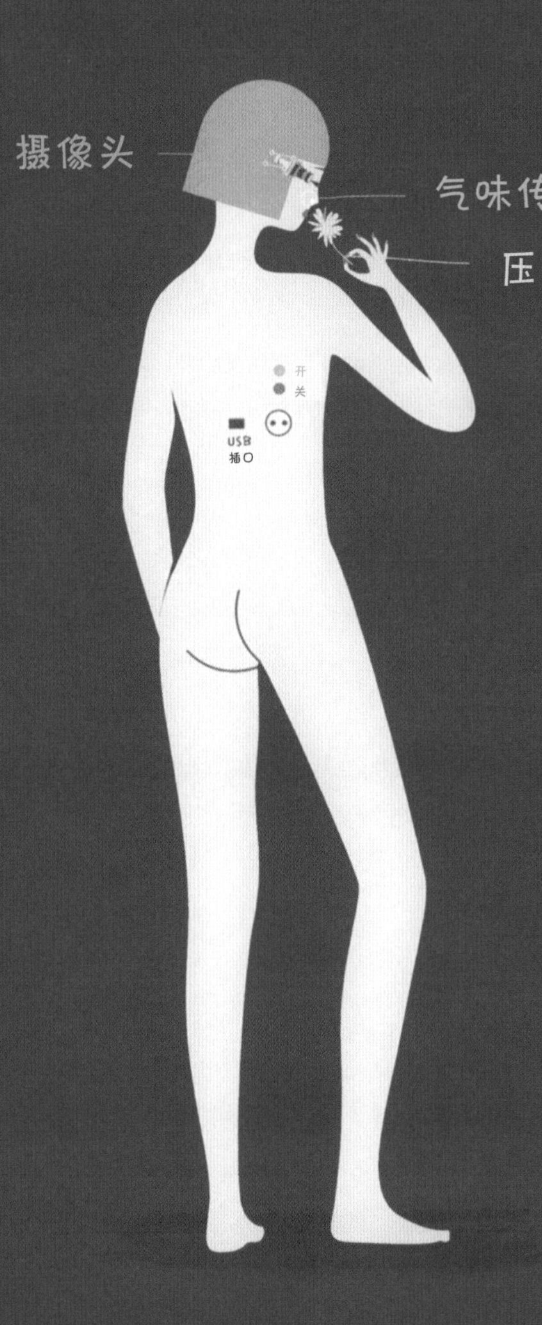
摄像头
气味传感器
压力传感器
开
关
USB
插口

机器人的构造

机器人可以分成固定式和移动式两种。固定式机器人主要应用于工厂，借助螺栓等零件固定在工位上，工厂还会给它们各配一个安全笼，虽然活动空间有限，却也足够它们完成工作了。移动式机器人则能够在一个充满变数、遍布“陷阱”的世界里穿行。传感器让它们可以实现自我定位和自主避障，但首先，它们要学会把一只脚迈到另一只脚前面。

要让机器人可移动，最简单易行的办法就是给它装上轮子，这样既稳定又好操控。问题是地面不一定配合轮子呀，对军事机器人和家庭机器人来说尤其如此——前者更适合装履带；后者时常在房间里走动，需要面对许多台阶和障碍。就这两种机器人而言，“腿”才是最理想的移动工具。然而新的烦恼也来了：用两条腿行走，意味着它们要有控制平衡的能力，因为两只脚是不会同时踩到地上的。于是乎，机器人学家进行了几十年的研究外加数千页的编程后，终于能让机器人爬楼梯、跑步、跳一跳、跌倒后站起了。虽然大部分机器人还不能把这些动作全部做出来或者做好这些动作，但随着科技的发展，机器人会越来越灵活的。

机器人学家探索的另一条途径，是让机器人模仿动物行走，其中以昆虫为主要参考对象。六条“腿”的昆虫很容易把握平衡，只需要让两三条“腿”与地面保持接触便可。但要将这些真正应用到机器人身上，实在是麻烦至极，因为有太多的自由度要管理，有太多的关节要控制。章鱼的游姿、蛇的爬姿、熊蜂的飞姿……动物界同样为机器人在空中和水中的移动提供了参照。

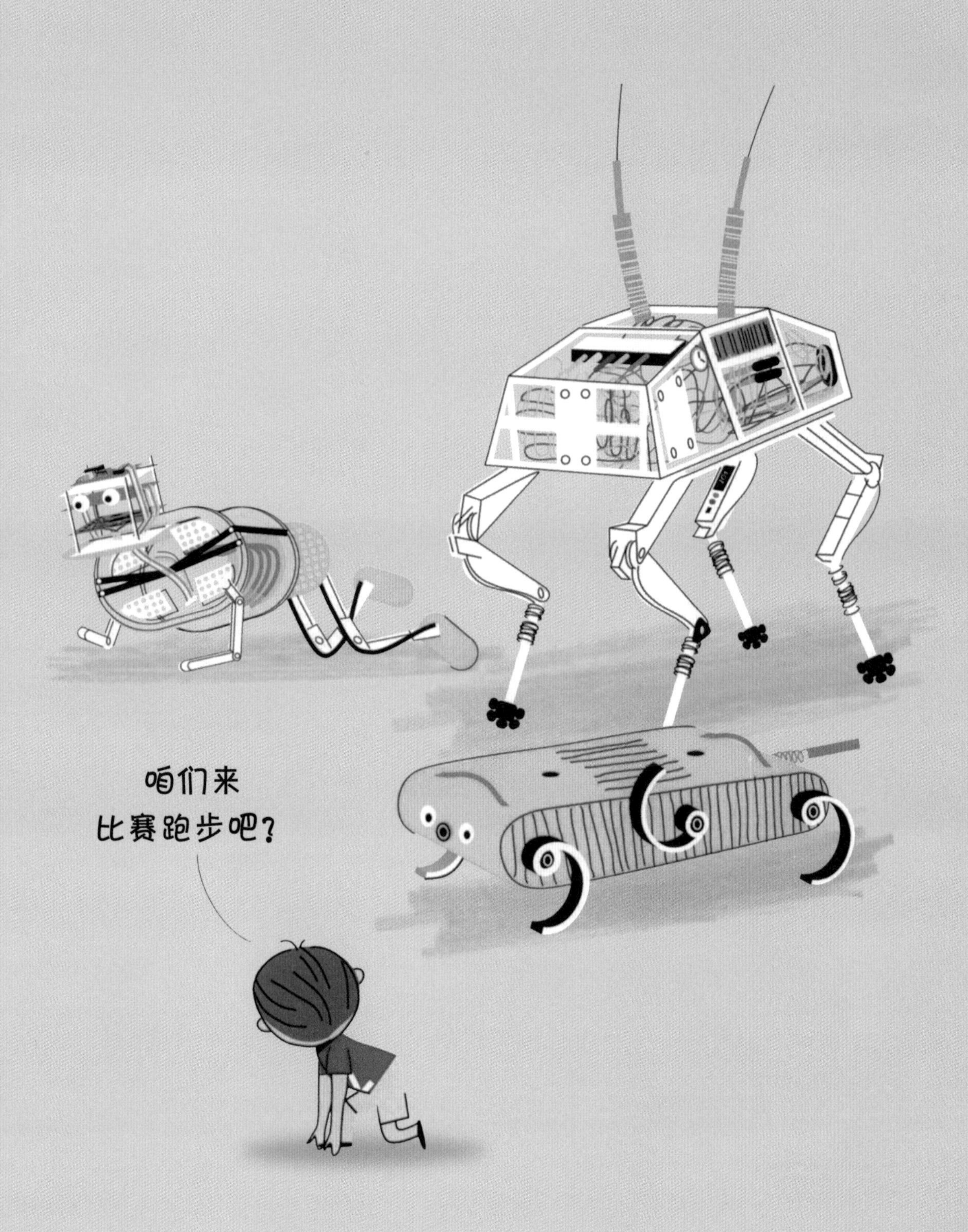
咱们来
比赛跑步吧？

按我们的模样设计机器人

金属罐还是人形机？同样都是机器人，实验室里各种原型机的外观却迥然不同。将来它们将担负什么任务？面对什么环境？决定着机器人最终外观的正是这些要素。基于这些要素，那些日后要跟公众接触的机型便会被机器人学家赋予人形外观（有胳膊有腿），或是半人形外观（上身人形，下身轮子）。既然机器人学家知道人体的构造、机能很难复制和模仿，为什么还要把机器人设计成人的样子呢？

首先，因为照猫画虎比较容易，有人和动物这些活生生的构造样本，机器人学家直接取材便可。其次，要想让这些机器人能适应我们人类的生活环境，总得给它们配备好爬楼梯用的“腿”、开门用的“手”，还有跟普通家具高度差不多的体形呀。最后，机器人学家不断减少机器人给人带来的差异感和怪异感，可以让它们更好地融入你我的生活。

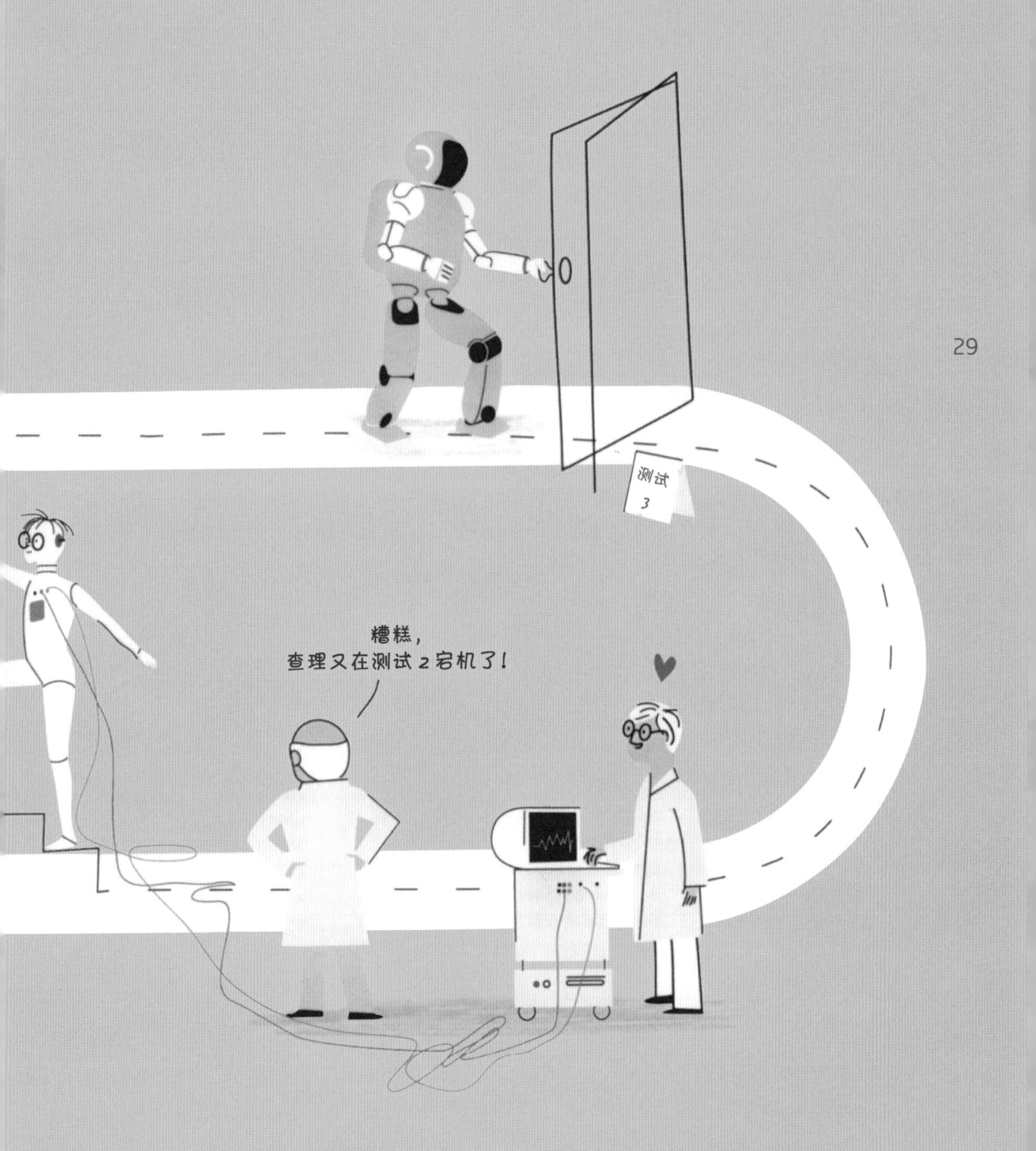

亲手制造你的第一台机器人吧

只需要花上几百元（包括工具在内），你就能自制一台私人助理机器人，还能给它指派任务哟！注意，以下操作必须在大人的帮助和监督下才能进行。

材料清单：

a. 1 把无柄清洁刷（长约 15 厘米）
b. 1 个小型电动机（MOT31 型或 RM1A 型）
c. 1 节 7 号电池和 1 个电池盒
d. 3 根电线（每段约 10 厘米）
e. 1 个钮子开关（钮柄螺套要能取下的那种）
f. 5 枚直径 3 毫米的金属垫片
g. 1 个接线端子（导线截面面积为 1 平方毫米左右）
h. 2 张光碟
i. 3 根短管（PVC 扫把杆），用来充当 2 张光碟间的支撑物
j. 蓝丁胶
k. 双面胶
l. 强力胶（氰基丙烯酸酯）
m. 1 把电烙铁和些许焊丝
n. 1 把平头螺丝刀和 1 把十字螺丝刀

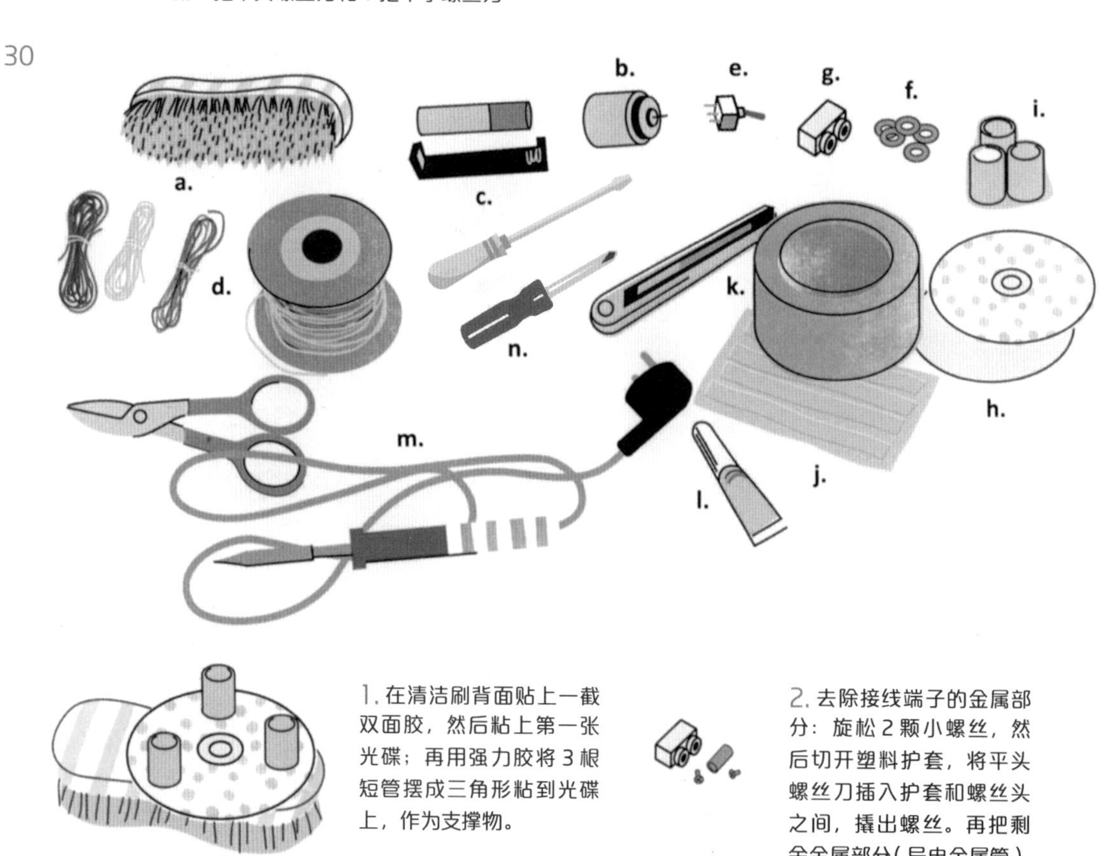

1. 在清洁刷背面贴上一截双面胶，然后粘上第一张光碟；再用强力胶将 3 根短管摆成三角形粘到光碟上，作为支撑物。

2. 去除接线端子的金属部分：旋松 2 颗小螺丝，然后切开塑料护套，将平头螺丝刀插入护套和螺丝头之间，撬出螺丝。再把剩余金属部分（导电金属管）推出护套。

3. 用螺丝将金属垫片固定在金属管的一端，再用另一颗螺丝将上述部件固定在电动机机轴上。金属管与电动机之间要留出一点儿空隙。

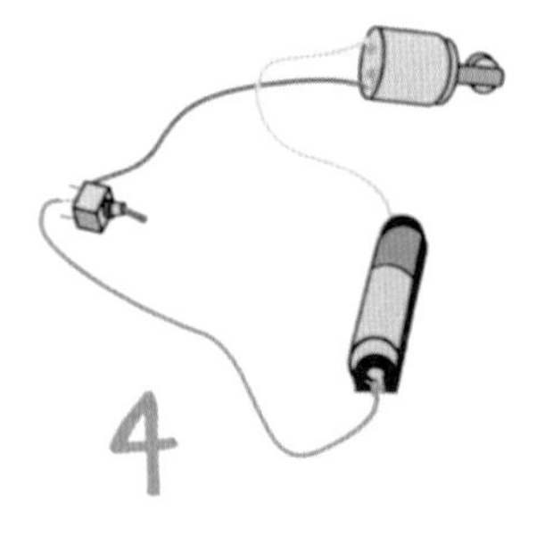

4. 将 3 根电线头端的保护套剥开 3~4 毫米。旋下钮子开关的钮柄螺套，接着按图所示焊接好电线。钮子开关方面，蓝线焊到中间的接线柱上，红线则左右两个接线柱任选其一。然后将电池放入电池盒内。

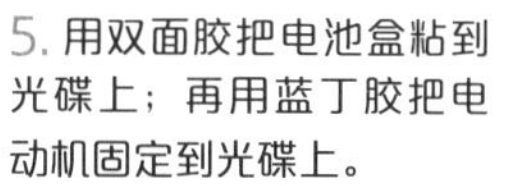

5. 用双面胶把电池盒粘到光碟上；再用蓝丁胶把电动机固定到光碟上。

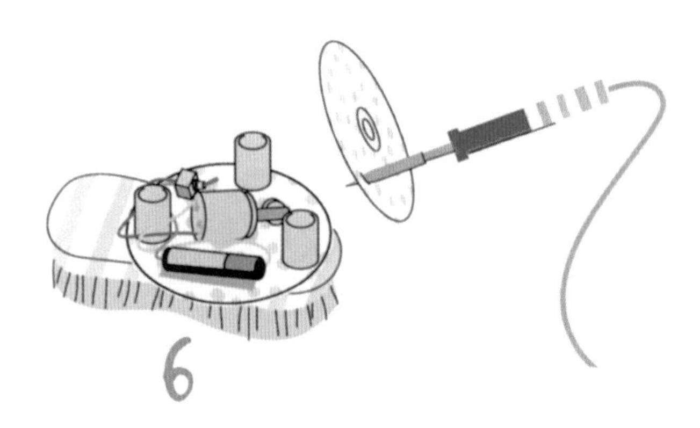

6. 用电烙铁在第二张光碟上钻一个洞，把钮子开关的钮柄穿进去。待固定好后，再重新旋上螺套。

7. 在每根短管顶端都贴上蓝丁胶，最后将第二张光碟盖好。

8. 扫地机器人完成啦！现在只差给它美化一下外观，然后就能派它去打扫房间了。它也可以在有限距离内运送一些小东西，只需在它背上粘个小盒子，放糖果还是放小玩具，你来决定！

小贴士：

使用前找个有棱角的地方，比如桌子边，逆着刷毛朝向去摩擦两下刷子，这样一来“扫地机器人”就行走得更加自如了。

如果没有钮子开关也无妨，只要拿下电池，照样能让机器人停下来。

查看成品机器人视频，请访问：www.actes-sud-junior.fr。

全能机器人

目前，机器人已经成为人们日常生活中的一部分，它们或醒目，或隐蔽，有些甚至已走入你我家中。它们能在许多领域为我们提供支持，包括到一些危险之地和无人之地实施作业。从尚处于起步阶段的家务机器人、护理机器人、玩伴机器人，到眼下业已成熟的工厂机器人、救护机器人、太空机器人、外科机器人，再到园艺机器人和艺术机器人，机器人的种类之多，不胜枚举。它们甚至还以“赛博格”和外骨骼的形式出现，协助修复或强化我们的身体。

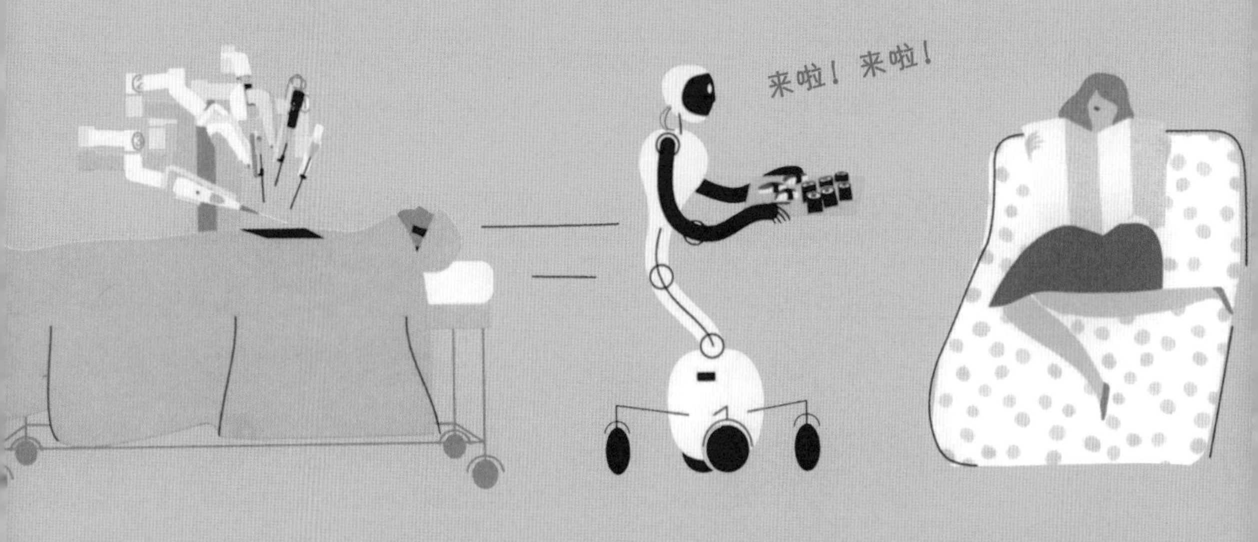

章节 100

全能机器人

从焊接家庭计算机零件，到给汽车喷漆，再到包装你手中的这块巧克力……机器人能做的还有很多很多……工厂是最早大规模使用机器人的地方。20 世纪初，美国工程师兼经济学家弗雷德里克·泰勒提出了一种新的生产组织方式：将作业活动分解成一系列基本动作，并确定每个动作所需的标准时间，从而实现组织效率的最大化。他的研究开启了生产机械化的大门……更准确地说，是工人机械化。结果呢？在推行这一制度的工厂里（如美国福特汽车公司），某个单一的动作，工人们每天必须在装配线上重复数千次，把人都累傻了！

于是工人逐渐被机器人取代，后者能把同一个动作重复做上无数次，在精度和速度上都更胜人工一筹，最关键的是，它们还不会有情绪。机器人还可以在油漆环境中自如工作，焊枪喷出的火花也伤不了它们分毫。由于远离大众视线，没必要赋予它们人形外观，因此，这些机器人要么像装了轮子的金属罐，要么干脆就是一条金属臂。

如今，在亚洲的工厂里，有近 80 万台工业机器人与工人并肩作业，而欧洲则有超过 40 万台，而且工厂机械化的步伐眼下丝毫没有停止的迹象。可即便如此，对这些机器设备的管理与维护来说，人类的存在仍然至关重要。一些小型人形机目前正在接受测试，飞机制造商空客公司[1]旗下就有这么一个机器人班子，在装配线工人的直接领导下开展工作：重复性劳动由它们负责，工人们则从事那些既有趣，又不损害健康的工作！

1　全名“空中客车公司”，又称“空中巴士”，是欧洲一家主要从事民航飞机制造公司，1970 年 12 月成立于法国。——译者注

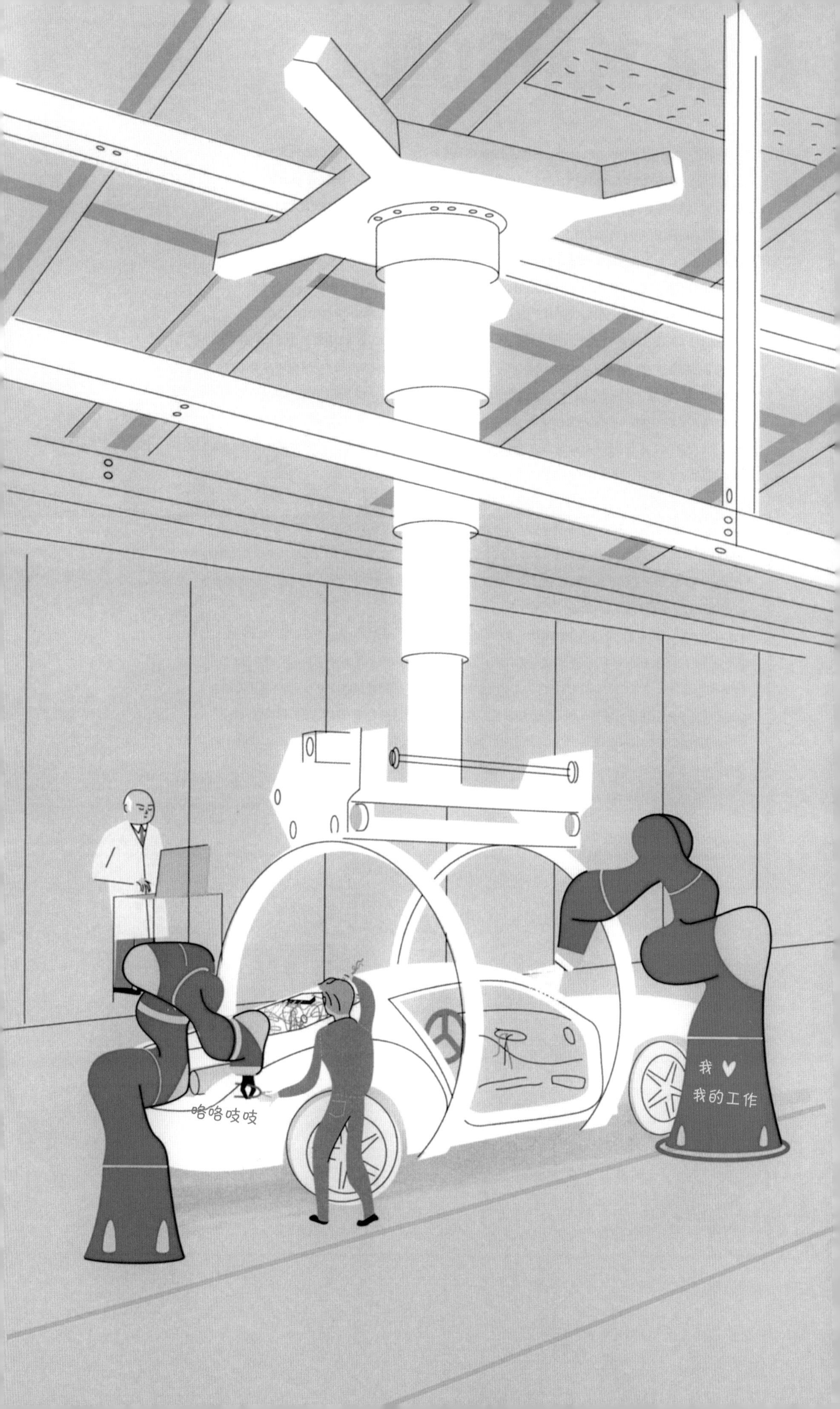
咯咯吱吱
我 ♥
我的工作

在家中

会修草坪、会吸尘、会刷瓷砖……这就是家务机器人，民众花上几千元就可以把它们带回家。其中，销路最好的当属扫地机器人，已累计售出上千万台！不过，这些机器人会做的仅仅是些简单的活儿，而且它们只能在平坦且有限的地方活动。所以眼下制造商正在研究它们的升级版。未来的家务机器人将面对更加艰巨的考验：除了要学会爬楼梯，它们还要承担收拾洗碗机、端茶倒水、小心扶起跌倒的老人等家庭生活助理的常规工作，好让老人、病人或残疾人能平平安安地待在家里，而不用去养老院或护理院。

这些能够协助甚至取代生活助理的机器人备受期待，尤其是在日本这样的国家，人口老龄化问题越来越严重，预计到 2060 年，日本 65 岁以上人口占比将达到 40%。

智能护理机器人距离问世可能尚需 20 年，而在此期间，智能远程机器人会率先走进你我家中。它们主要负责的是：在祖父母、外祖父母们孤独的时候，陪伴他们；陪他们玩些小游戏，锻炼他们的记忆力；提醒他们按时吃药，以及一旦发生紧急情况，及时通知急救中心。

当他把我拥入怀中，
啦啦啦啦啦啦
喂，
是急救中心吗？
ART

在学校

远程机器人的使用目前已在法国多所高中试验成功。多亏有它们，瘫痪在床的学生也能远程听课，甚至参与课堂互动！坐在教室里的是机器人替身，学生本人则通过屏幕现身课堂，借助扩音器提问或回答老师的问题。尽管机器人不享有课间休息，但轮子让它可以在教室范围内任意移动，与同学们共同完成小组作业。

当然，也不能忘了低年级小朋友。在法国的小学校园中，早已经出现一种球形（或龟形）的教学机器人，它们能让小学生在嬉戏间掌握数学和计算机的基础知识。而在韩国，机器人教员走进小学课堂已有多年，其中有数十台机器人更是充当起了英语教师的角色，好让英语科目师资不足的问题得到解决。目前，负责讲课的仍然是真人教师——他们有的甚至远在菲律宾——通过远程机器人与学生隔空互动。

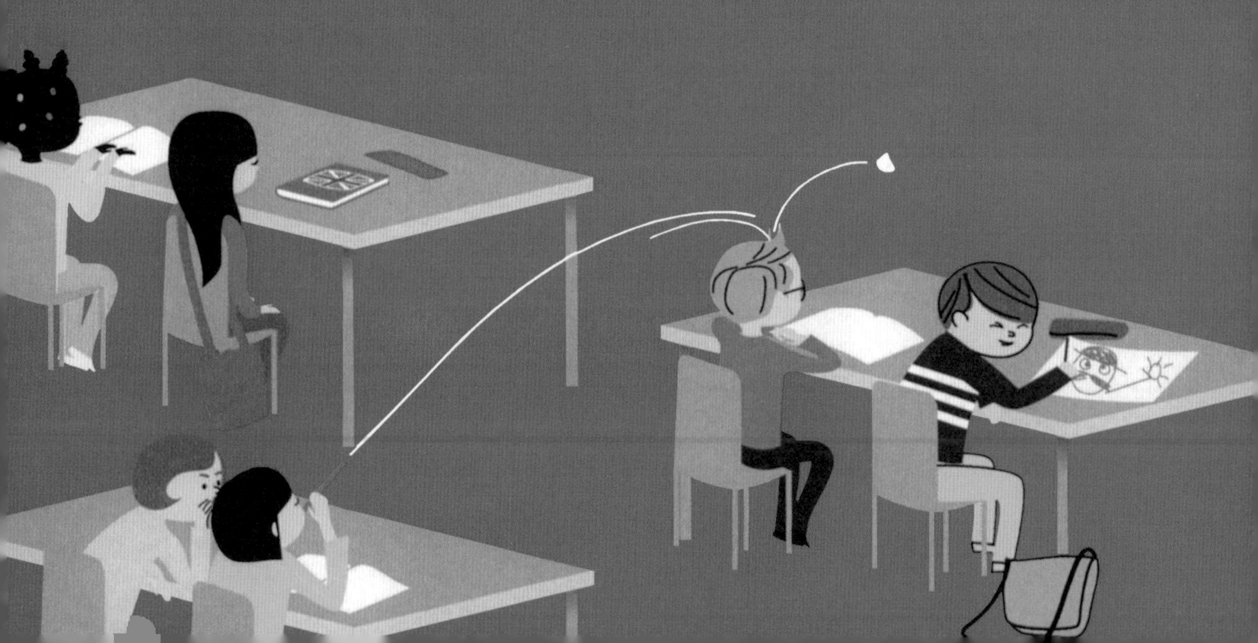

我们相信，在未来，带好一个班级对机器人来说将不在话下。还是在韩国，一名机器人教师正在接受检验。在人类的监督下，它完成了点名以及向孩子们传达信息的任务；它的乳胶脸庞由 18 块人工肌肉驱动，能够表现出诸如难过、高兴、惊讶、反感、害怕等情绪；当它要某个话多的学生住嘴时，还会生气地说：“闭嘴！”

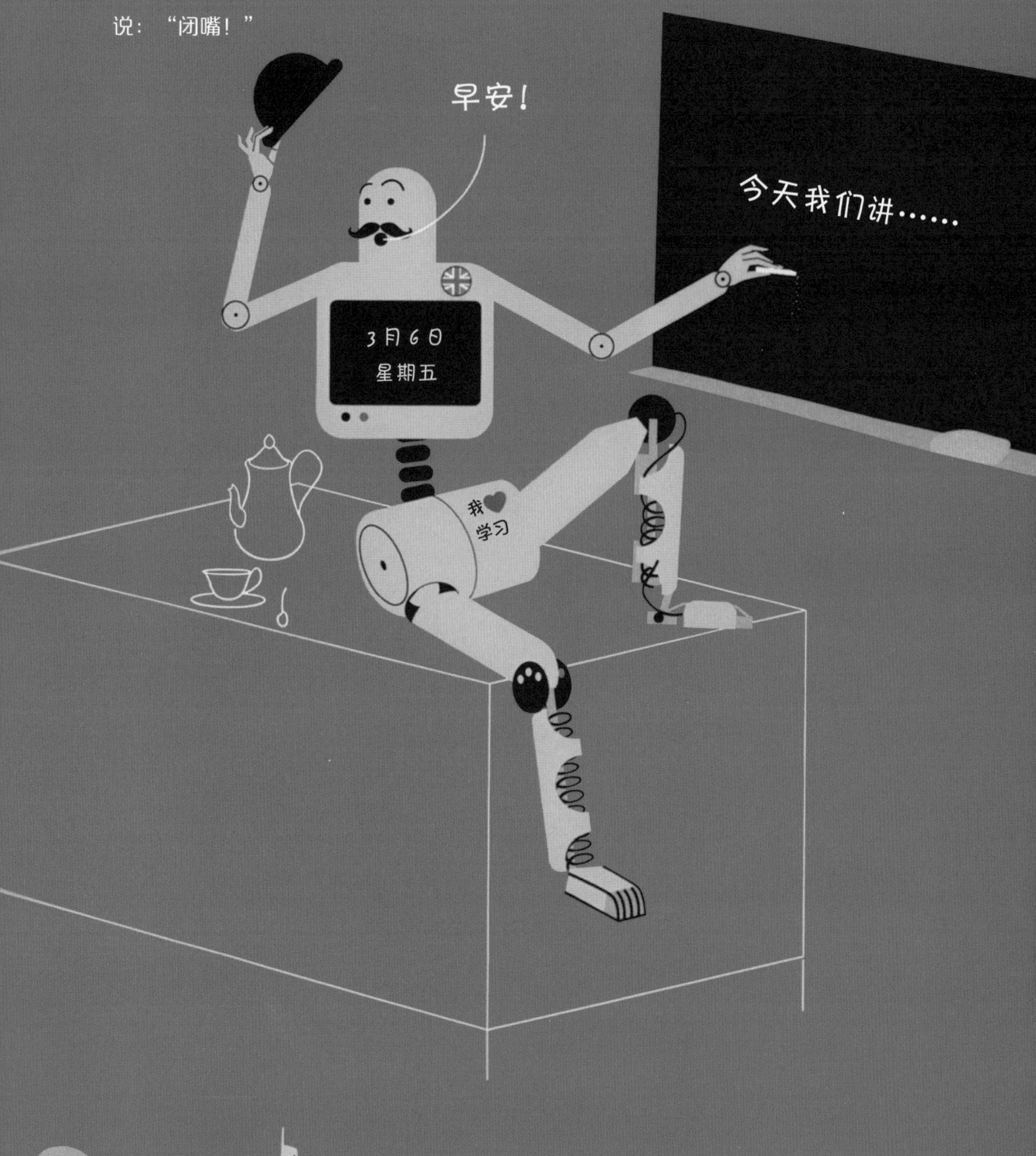

在玩具箱里

从最开始的金属机器人，到之后能发出声光信号的塑料机器人，玩具正在变得越来越智能。毛毛球[1]、机器狗、大恐龙……现如今的玩具宠物不仅会唱歌、跳舞，还能“看”，能“听”，能“理解”各式各样的指令。与单纯意义上的遥控动物玩具不同的是，这些玩具机器人会对“饲养”方式和主人的关心程度做出反应。其中有些机器宠物甚至还能联网传照片、传视频，等等。

玩具箱中还多了小型陪玩机器人和小型舞蹈机器人，它们能通过模仿人类情绪，在最大程度上取悦观众。这些玩具机器人不光受到小朋友们的喜爱，就连大人们也乐在其中，尤其是需要自行拼装并略懂编程的模型套组。当然，精密是有代价的，对比要价几百元的基础款机器人，这种顶级配制款机器人，没有上万元根本拿不下来。

1　一种外观呈毛球状的互动式玩偶，在与小主人接触和玩耍的过程中，毛毛球会发展出自己的个性。——译者注

而在机器人学家眼中，这些机器人并不仅仅是玩具，它们有着严肃的一面，能帮助改进未来的陪伴机器人。观测用户手中的玩具机器人，本质上相当于进行实地足尺试验，评估它们在真实环境里的表现，如移动能力、声音辨识能力等，同时考察人类的反应和期望。要知道，这些对设计师和程序员来说可是无比珍贵的信息啊！程序员也玩得不亦乐乎——每年，各路专家团队云集世界机器人大赛，展开各单项比赛的角逐，其中最著名的当属“机器人世界杯”足球赛。这项享誉国际的赛事还下设了青少年分支，面向全世界中小学生开放。

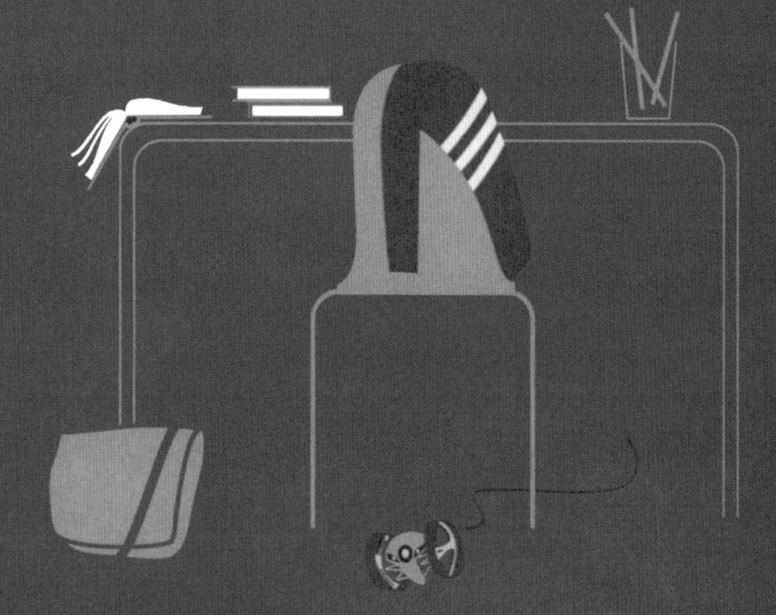

在医院

在医院，带轮子的机器人在走廊和病房里游走着，这里是公众最有机会接触到在役机器人的地方之一。借助机器人的嵌入式屏幕，住院病人得以和亲人保持联络，真人医生无须走动就能向患者问话。当发生紧急情况时，护士也可以借由机器人通知身在手术室的外科医生、待在家中待命的医生，或者身在医院另一头（甚至远在几百公里之外）的专家医生，让他们能通过机器人立刻看到患者。护士机器人则能够根据需求，为病人测心率和量体温。

但医疗机器人的职责远不止于此。由于表现相当出色，人们将医疗机器人用于辅助完成极精密的外科手术。当然，手术中的具体操作并不是由机器人来决定的，它们仅负责提供关节臂，关节臂末端装有手术器械和摄像头，由医生通过计算机控制它们的动作。人机协同作业的结果令人惊叹：机械手可以进行微米级[1]精度的操作，既不会疲劳——外科手术往往需要花上好几个小时，以往医生都只能一直站着——手也不会颤抖！

除了诊断、手术和治疗，人类还交给了机器人另一项任务：安抚病人。你瞧，康复中心和疗养院里出现了一些毛茸茸的机器人的身影：在日本、美国和北欧等地，这些有着动物外形的疗愈机器人会趴在病人的膝头呜呜叫，帮助他们消解压力。它们仿佛真的家庭宠物一般，而人类又不必担心卫生和安全问题。

1　1 微米 =1/1000 毫米。——译者注

开
关

离危险最近的地方

我们已经把工厂里所有的脏活儿都派给了机器人，现在，又将送它们到险境绝地中去！首先是战场！现在，全球各地有成千上万台机器人正在代替士兵从事危险作业：拆除爆炸物，清除阻挡队伍前进的障碍（如墙或门），运输重型装备，潜入敌方阵地，利用摄像头向后方操作员传送画面，甚至沿边界线巡逻。

在这些机器人守卫领土、守护生命时，另有一些机器人已飞到千里之外，它们就是无人机。这些可以远程操纵的小飞机适用于区域警戒，属于遥控武器范畴。说到这里，不能不提及美国、俄罗斯、以色列等国家目前正在研制的杀手机器人。它们能在没有人工干预的情况下，自主选择攻击目标，而且不怕任何风险。据传闻，类似的杀手机器人已经被部署在了朝鲜和韩国的边境线上。一旦这片禁区发现有人出没，它们就会向操作员请求指示——就目前来说是这样——进而决定是否进行射击。

在特种机器人这个大家族中，有一类机型专门用于探索极端环境，也就是那些人类难以久留或无法涉足的地方。核电厂里的检修机器人和应急机器人、自然灾害发生时穿梭于瓦砾间的救护机器人、海上油污清理机器人、勘测火星等遥远行星的太空机器人、探索大洋和深渊奥秘的水下机器人、协助空间站成员开展舱外作业的宇航机器人……这些机器人能够应对恶劣的工作环境，比如说，它们能承受远超人体承受极限的高温和高压。即便没有氧气，没有水，没有食物，也没有昂贵的维生设备，但只要有能量，它们就可以正常活动。而当它们遭到破坏或要被就地抛弃时，损失也只是经济上的……

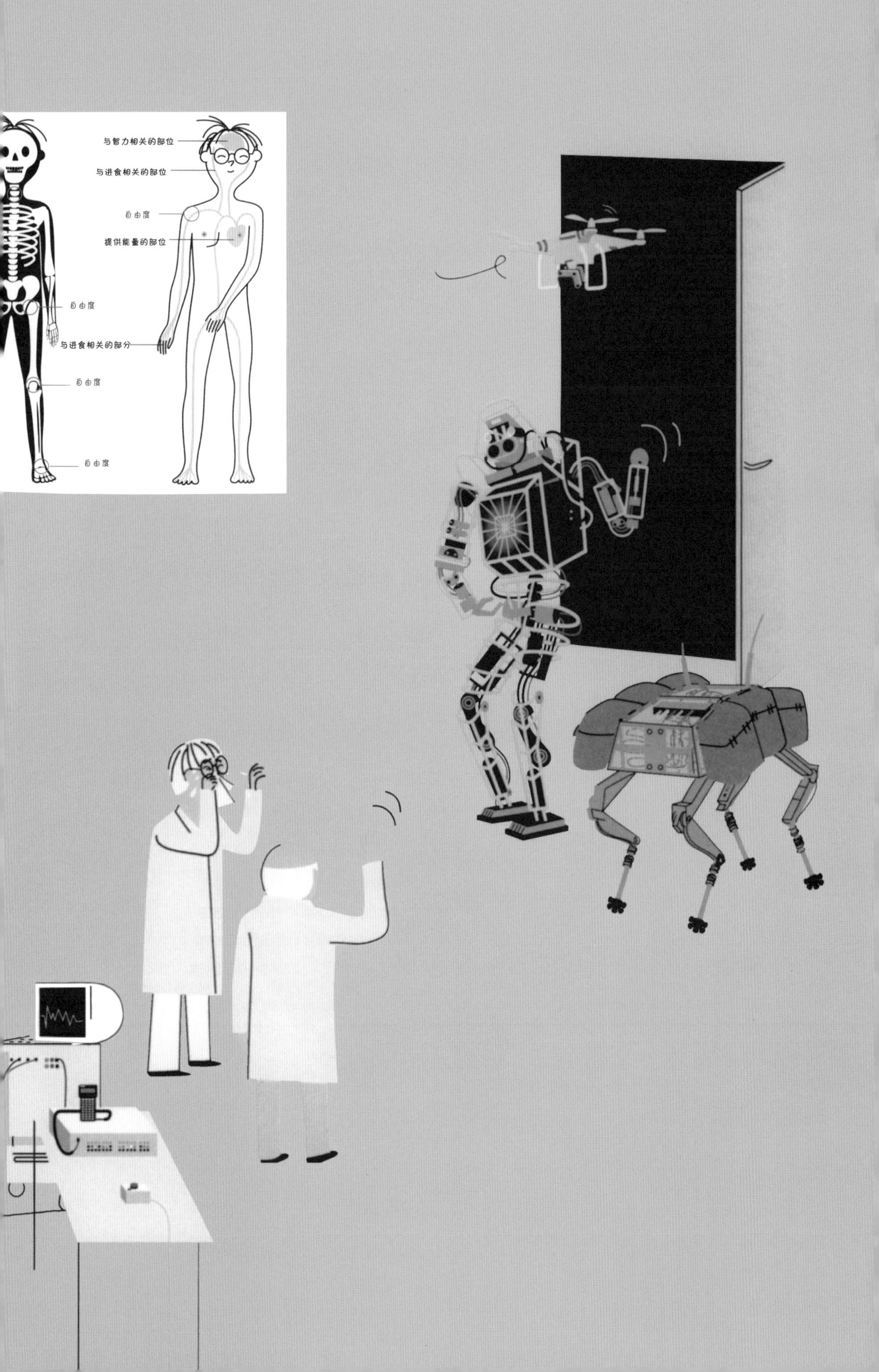
与智力相关的部位
与进食相关的部位
自由度
提供能量的部位
自由度
与进食相关的部分
自由度
自由度

皮肤之下，后背之上

当大多数研究人员正努力让机器人更趋近于人类时，也有人在尝试利用机器人技术修复和优化人体。机器人技术可以让我们获得附加能力，如能够“举重若轻”，还可以帮我们寻回失去的某种或某些能力，比如遭遇事故后恢复行走、截肢后重新拥有触觉，等等。于是乎，生化电子人，又称“赛博格”，不再仅仅出现在科幻作品中，尽管费用昂贵，但仍有越来越多的残疾人士选择安装义肢来代替失去的肢体。而正是我们的大脑使这项逆天技术得以成真，因为大脑的运作方式与电脑几乎相同，依靠电流传递信息。所以，一旦连接上肌肉和神经末梢，义肢中嵌置的微型计算机就会为大脑发出的电波所控制。

人类与机器间的这种无缝耦合，给力求打造完美人体和超级人类（也就是——“增强人”）的研究者提供了一个新思路：给人披上外骨骼，也就是机械电子骨架。这些机械电子骨架是机械学、电子学、信息学三者交叉融合的产物，可以像衣服一样穿在身上，并附有皮带以方便固定。随着新型智能材料的不断开发与应用，这些附加的机械腿和机械臂变得越来越适合佩戴。借助它们，人类能毫不费力地举起重量在 40 千克以下的物体，所以它们不但能帮助体力弱者，还能帮助那些在工作时不得不穿上厚重安全服的人，例如在极端环境下工作的消防员、扫雷员，还有和被派往沙漠作战区的士兵，他们的背包本来就已经很沉了，还要装入当日配给的 6 升水！除此之外，外骨骼还能造福那些将在轮椅上度过余生的人，使他们能走上几步路。

你可别妄想下次搬家的时候去租一副外骨骼：上百万元的天价让它们目前仅能供军队和专业人员使用。但已经有制造商宣布，首批商用外骨骼将于 2016 年上市，价格或为现在的 1/5。

在舞台上

机器人并非只和工程师或程序员打交道，毕竟，它们是集体想象的产物。而艺术家群体一直以来被称作“时代的镜子”，他们抢了所有人的风头，现在竟邀请机器人一同登台。平日里做惯重复性劳动的实用机器人，证明了它们有能力打动我们：笨拙的动作、滑稽的模仿、答非所问的对话，这些“金属罐头”真的很会耍宝呢！如今，在日本，机器人已经登上了舞台，负责给真人演员配戏。它们目前依然是本色演出，通常饰演寻求解放的家庭机器人，但因为表现太过优秀，已经有导演开始考虑在不久的将来委托它们出演人类的角色。无独有偶，西班牙编舞家布兰卡·李将人形机器人编入真人舞者群当中，借以表达她对人机关系走向的思考。机器人是否最终会取代人类？这是我们迟早要面对的一个问题。

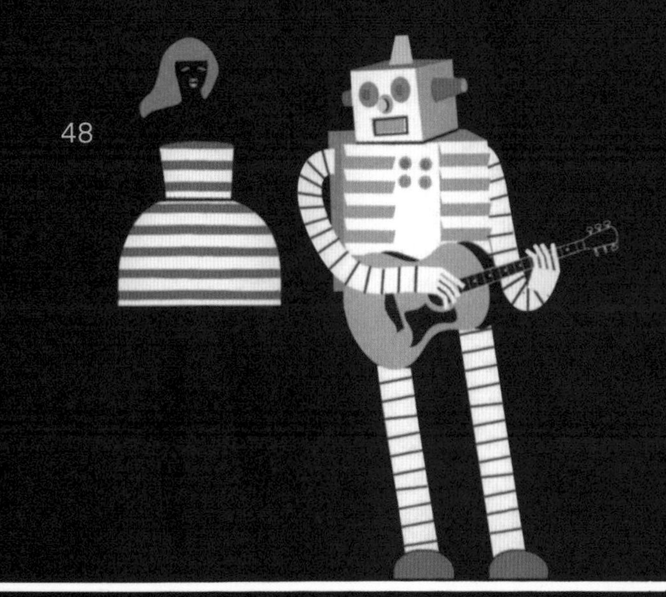

再说，眼下已经有机器人可以独当一面了呀，绘画机器人和音乐机器人就是个例子。不管是小提琴、钢琴，还是架子鼓，都不在话下，人工智能让它们控制演奏力度、跟上节拍、和人类乐手比拼速度，当然它们在音乐的情绪表达上还是要略逊一筹的。部分人形机器人甚至组起了乐队，比如这位有 78 根手指的机器人吉他手！负责伴奏的是一位机器人贝斯手和一位有着 4 条胳膊的机器人鼓手！嗯，现在就只差主唱了……

坏事还是好事

机器人变身保姆，走进日常生活中啦！无论它们以何种形态露面，都将会有越来越多的机器人出现在你我身边。我们该为此感到高兴吗？还是赶紧跑去避难？机器人有灵魂吗？它们会取代我们吗？会把我们消灭吗？兴奋也好，惶恐也罢，保持适当警惕的同时，请不要忘了：机器人最终会变成什么样，决定权还是在我们自己手里……

章节 101

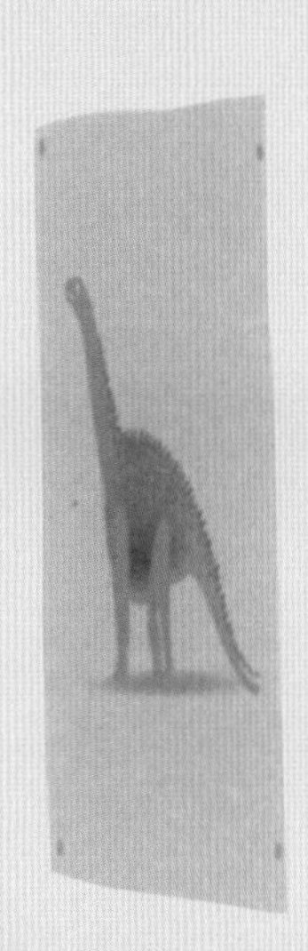

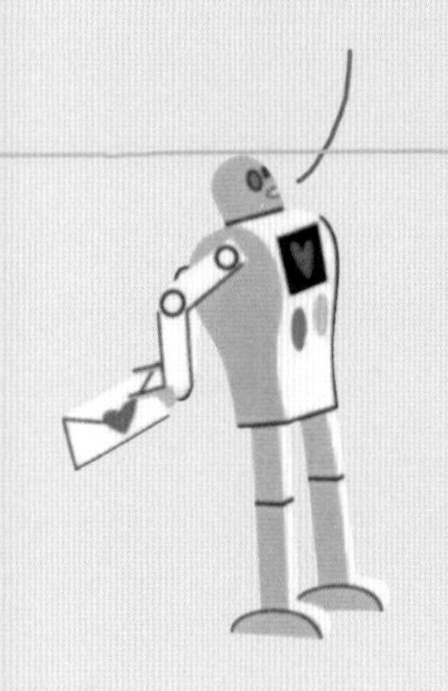

最糟糕的噩梦

在吸引我们的同时，机器人也激起了种种不安和恐惧。明明是机器，却带有几分人类的影子，法国人在好奇之余，会本能地产生一种警惕感。西方社会的宗教与文化传统也在深深地影响着我们。就在我们把机器人当作异物提防时，日本人却视它们为单纯的工具，甚至是友好的助手。真是两种截然不同的世界观！在日本神话中，人类不曾受到神明的特别青睐，人们由此认为世间万物皆有灵性。基于这一观念，神、人、动物、风，包括机器人这样的物件在内，全都是平等的，全都有灵魂。按人类的模样制造生物，对日本人来说没有任何问题。而在西方，情况则完全相反，基督教、犹太教主张人类出自上帝之手。制造人形生物，等同于自比为神。从西方早期的神话到后来的科幻作品，无一不给那些胆敢这么做的人以良知上的谴责，于是也就诞生了一大批以科学狂人和失控怪物为噱头的故事，而且往往都是以悲剧收场！古希伯来神话里的高莱姆、《罗素姆万能机器人》中的罗伯塔、《大都会》中美丽的玛丽亚，还有《弗兰肯斯坦》中的怪物和《终结者》中控制世界的机器人，等等，当看到人类社会——乃至全人类——最终未因它们的叛乱而陷入绝境时，这些主角皆与制造者同归于尽。

目前看，这些作品中的集体想象着重强调的有两点：一是机器人具备人形外貌；二是它们试图让人类灭绝。读了前几章的内容，你已经了解了机器人的外观五花八门。至于科幻作品中塑造的诸多机器人形象，其中也不乏心存善意甚至拥有灵魂的机器人，比如《星球大战》系列中的 R2-D2，还有电影《银翼杀手》中的复制人。可惜木已成舟，如今一提到机器人，就会有人自动把它们跟“叛乱”“统治人类”挂上钩，机器人的名声已然坏啦。

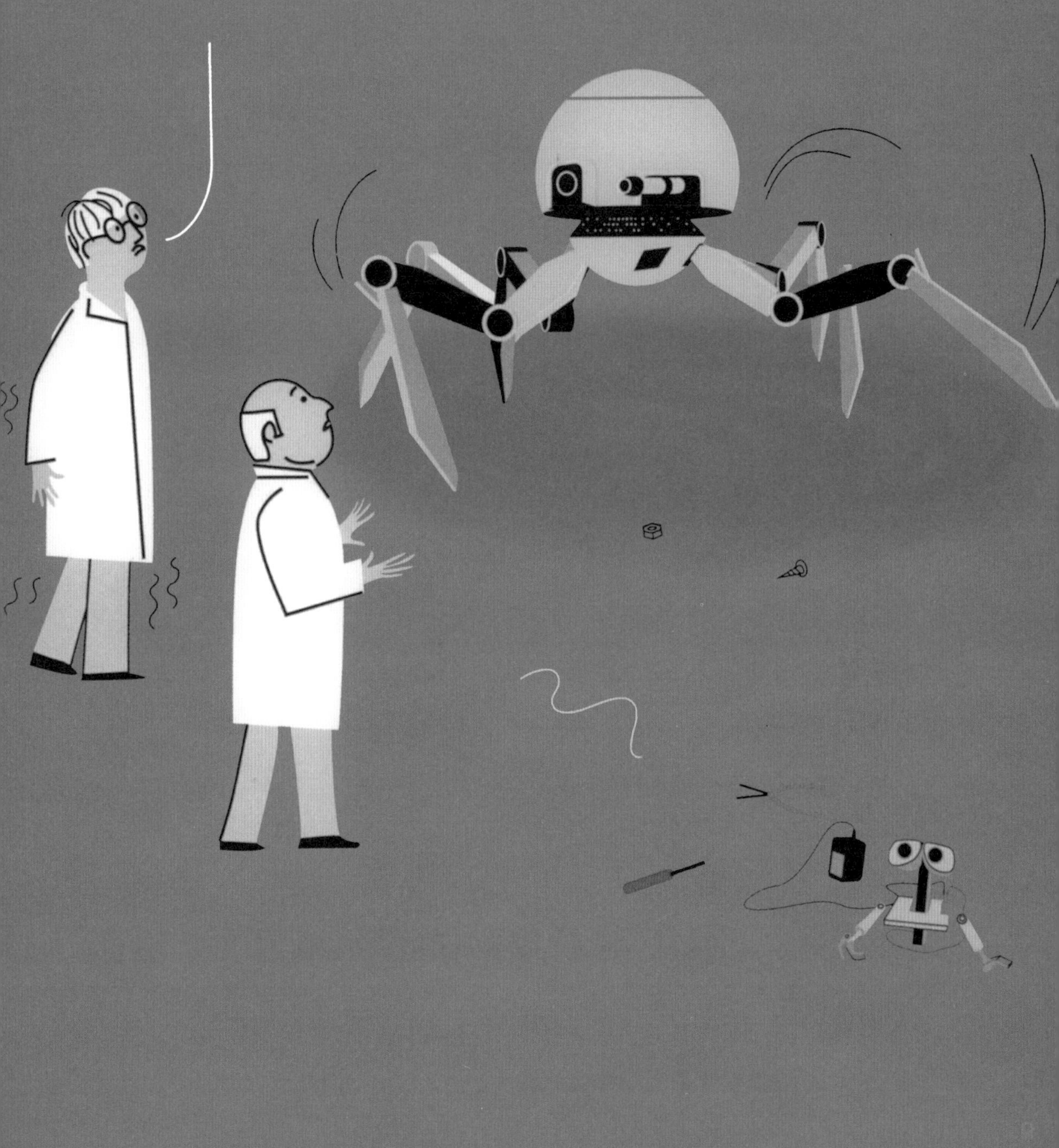
也许我们不该让
它这么聪明？

为了消除这些成见，艾萨克·阿西莫夫早在 20 世纪 40 年代就开始执笔写作。机器人学这一概念便是由他率先提出的。为了消解科技带给人们的恐惧，这位科学家撰写了一本面向机器人设计者的行为指导书，意在让设计者能兼顾到机器人的自主行为问题，使它们一直处在人类的有效控制之下，从而使大众不再担心来自机器人的威胁，让他们明白：机器人的诞生是为了造福人类，而不是掌控人类。这位科幻小说大师认为，人类应当遵循这样三条法则：

- 机器人不得伤害人类，亦不得在人类受到伤害时袖手旁观。
- 机器人必须服从人类的命令，除非该命令与第一条法则相矛盾。
- 机器人必须保护自己，除非这种保护与以上两条法则相矛盾。

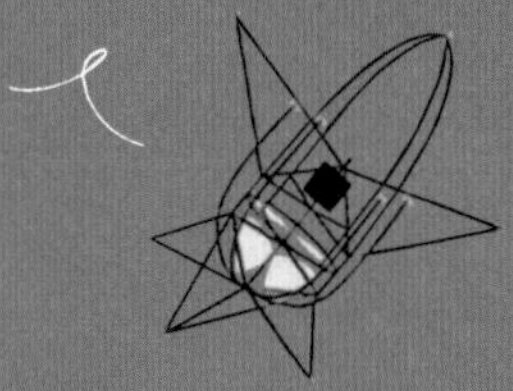

这就是著名的"机器人学三法则"。但是，倘若日后机器人真的对人类构成威胁，光依靠这些文字法则显然是不够的。它们无法阻止某个邪恶程序员利用计算机病毒夺取机器人的控制权。不过，阿西莫夫的思想主张促成了安全装置的出现，这可以对机器人学家的造物行为有所约束，同时也拉开了一场伦理大辩论的序幕——究竟应该给予协助人类处理日常事务的机器人多少自主权？那些被送上战场的机器人又该拥有多少自主权？生化电子人的自主权应如何界定，一半是机器，而另一半是人类？谁来对机器人的行为负法律责任？主人、设计者，还是制造商？

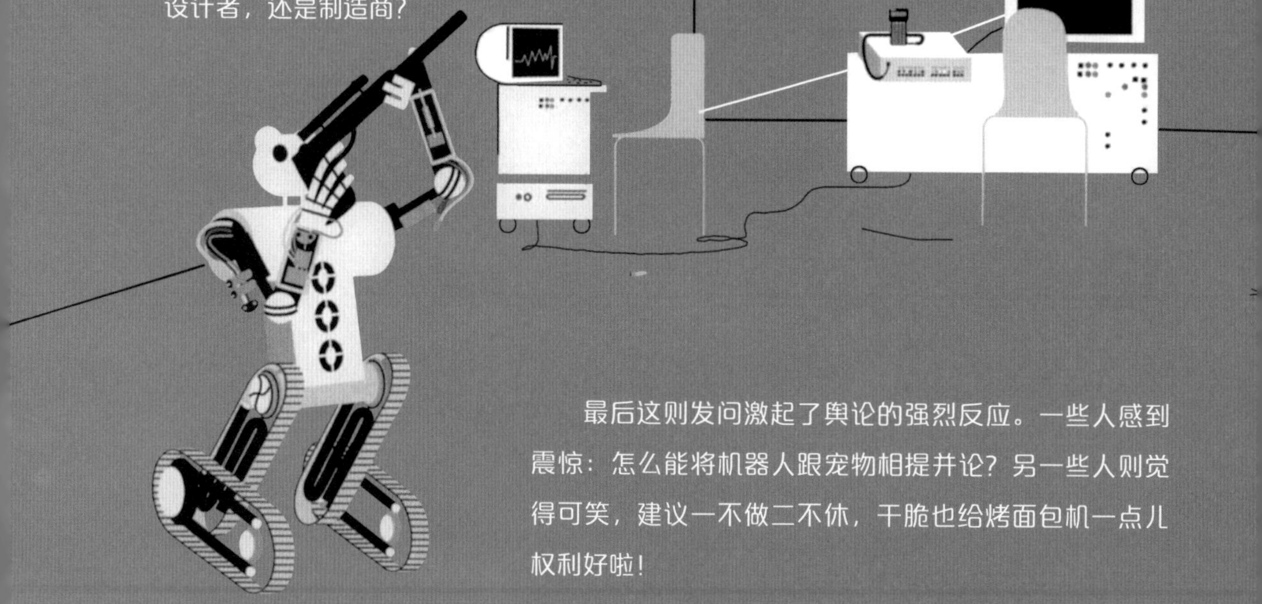

最后这则发问激起了舆论的强烈反应。一些人感到震惊：怎么能将机器人跟宠物相提并论？另一些人则觉得可笑，建议一不做二不休，干脆也给烤面包机一点儿权利好啦！

然而现在有一件事可以确定：机器人目前只是单纯的机器，自主能力有限。我们人类，一方面要对自己所编写的程序负责；另一方面，只需要切断能量供给，它们便无法构成任何威胁。

无情的敌人，还是忠实的仆人

啊！机器人距离统治世界还远着呢，更何况它们也不一定想这样做。不过，为了以防万一，研究人员已经在着手制定对策了。但这样就可以高枕无忧了吗？看着这些机器日渐入侵我们的生活？不。如果我们不拿出十二分的警惕，它们会在某些领域与我们展开竞争，而不是为我们所用。以工作领域为例，预计20年后，近半数服务业从业人员将被机器人代替，其中包括秘书、会计、律师、房地产经纪人、电话推销员、出租车司机、长途货车司机，等等。机器人不光动作比我们快，它们还能记录大量数据。因此，即便机器人逐步取代了大批建筑工人和装配线工人，仍然需要有人对它们进行监督、保养，并与它们协同作业，它们可以轻松胜任那些基于法律或技术知识的重复性脑力劳动。

那人类会怎么样？根据经济学家的观点，那些岗位受到威胁的人会经历一段艰难的适应期。而一旦社会经受住了挑战，或许就能实现无伤过渡。在理想情况下，机器人作业创造出来的财富可以用来为失业公民支付最低生活保障金，让他们即使不工作也可以过得相对舒适。至于那些想要回到职场继续打拼的人，或基于兴趣，或为挣更多钱，可以参加面向新兴科技产业的岗位技能培训，或者选择其他再就业项目。不得不说，机器人的出现，对现在这个宣扬工作至上、推崇职业成功的社会来说，不失为一场革命！机器人的到来是一场前所未有的革命？有些人称之为“机器人革命”。最初默默无闻的机器人学，正在以越来越醒目的姿态介入我们的生活。跟火车、电脑以及其他那些先于它们的机器一样，机器人将很快为人们所熟悉，变得不可或缺。从现在开始，从政治决策者，到科研人员，再到普罗大众——不管大人还是小孩，大家都可以开始思考：给它们布置什么任务好？

“可可，我现在有点儿无聊，
给我找点儿事情做，哪怕是无
聊的事也行。”
填数游戏

传感器 / 感知器

机器人身上用来接收环境信息的部件（探测障碍物、测量温度等）。

无人机

小型遥控交通工具（如小飞机、小船、小潜水艇），用于执行各种特殊任务。长度从几十厘米到数十米不等，重量从几克到数吨不等。

人形机

模仿人类外形的机器人。

纳米科技

研究在 0.1~100nm 之间的物质组成体系的运动规律、相互作用以及实际应用中相关技术问题的学科。

生物科技

研究如何对生物体进行改造和利用的学科，如利用酵母制作面包和啤酒，利用病毒制作疫苗，利用基因制作智能药物。在机器人学领域，生物科技让我们的肌肉和大脑得以控制义肢。

交互性

能通过自身动作对环境施加影响，同时可对环境刺激做出反应，例如与人类进行交流，或结合预设条件和实际情况灵活执行任务。

赛博格

英语为 cybernetic organism，直译为“生控体系统”，指代生理机能因移植电子义体而得到增强的人类。这些义体通过内置传感器与佩戴者的神经系统相联结。

感谢 LAAS-CNRS 机器人部门负责人兼研究主管哈西德·阿拉米，以及图卢兹三大高级讲师兼 LAAS-CNRS 研究员丹尼尔·西多布雷。